人工智能出版工程
国家出版基金项目

人工智能

智能机器人

陆建峰　王　琼　张志安　郭剑辉　编著
石朝侠　杜鹏桢　王　欢　袁　夏

电子工业出版社
Publishing House of Electronics Industry
北京·BEIJING

内 容 简 介

本书首先简要介绍机器人和机器人学的概况，以及机器人学的数学基础，然后分别详细讨论智能机器人体系结构、智能机器人中的传感器、环境感知与建模、路径规划、机器人控制、多机器人协同，以及智能机器人的 HRI 等内容。

本书适合从事智能机器人研究、开发和应用的人员阅读。

未经许可，不得以任何方式复制或抄袭本书之部分或全部内容。
版权所有，侵权必究。

图书在版编目（CIP）数据

人工智能. 智能机器人／陆建峰等编著. —北京：电子工业出版社，2020.6
人工智能出版工程
ISBN 978-7-121-38284-0

Ⅰ. ①人… Ⅱ. ①陆… Ⅲ. ①人工智能②智能机器人 Ⅳ. ①TP18②TP242.6

中国版本图书馆 CIP 数据核字（2020）第 021608 号

责任编辑：田宏峰
印　　刷：北京盛通印刷股份有限公司
装　　订：北京盛通印刷股份有限公司
出版发行：电子工业出版社
　　　　　北京市海淀区万寿路 173 信箱　邮编：100036
开　　本：720×1000　1/16　印张：15.5　字数：272 千字
版　　次：2020 年 6 月第 1 版
印　　次：2020 年 6 月第 1 次印刷
定　　价：88.00 元

凡所购买电子工业出版社图书有缺损问题，请向购买书店调换。若书店售缺，请与本社发行部联系，联系及邮购电话：(010) 88254888，88258888。

质量投诉请发邮件至 zlts@phei.com.cn，盗版侵权举报请发邮件至 dbqq@phei.com.cn。

本书咨询联系方式：tianhf@phei.com.cn。

人工智能出版工程

丛书编委会

主　　　任：高　文（院士）　方滨兴（院士）
常务副主任：黄河燕
副　主　任（按姓氏笔画排序）：
　　　　王宏安　　朱小燕　　刘九如　　杨　健
　　　　陈熙霖　　郑庆华　　俞　栋　　黄铁军
委　　　员（按姓氏笔画排序）：
　　　　邓　力　　史树敏　　冯　超　　吕金虎
　　　　朱文武　　朱　军　　刘继红　　李　侃
　　　　李　波　　吴　飞　　吴　枫　　张　民
　　　　张重生　　张新钰　　陆建峰　　范向民
　　　　周　沫　　赵丽松　　赵　耀　　胡　斌
　　　　顾钊铨　　钱建军　　黄民烈　　崔　翔

前　言

机器人学（Robotics）作为一门高度交叉的前沿学科，涉及自动控制、机械工程、材料科学、计算机科学、电子科学及人工智能等多门学科，是现代科学技术发展最活跃的领域之一。

随着社会的发展，人们对机器人的要求越来越高，不仅希望机器人可以在家庭、学校、医院等环境中成为人们的助手，更希望机器人能够逐步代替人们在众多复杂、未知甚至危险的环境中发挥重要作用，如搜索救援、月球探索、爆炸物探测、军事战斗等，这就要求机器人具备较高的智能。因此，机器人学与人工智能有着十分密切的关系。

智能机器人几乎是伴随着人工智能而产生的。一方面，智能机器人技术的发展需要人工智能技术的支撑，不断发展的人工智能技术也有助于智能机器人性能的提升；另一方面，智能机器人技术的发展又为人工智能技术的发展带来了新的推动力，并提供了一个很好的试验与应用场所。也就是说，智能机器人作为人工智能技术呈现的载体，促进了问题求解、任务规划、知识表示和智能系统等理论与技术的进一步发展。

现实中的机器人，其外形往往是多种多样的，有些在外形上和人的外形类似，被称为类人机器人或人形机器人，这类机器人可以模仿人们执行某些任务时的行为，如行走、拾取、搬运等；有些机器人在外形上和人的外形相差很大，如无人驾驶车辆就是一种典型代表。

智能机器人所处的环境往往是未知的、难以预测的，在研究智能机器人过程中，主要会涉及多传感器信息融合、导航与定位、路径规划、智能控制、多机器人协同、人机交互等关键技术。

本书从一个相对系统化的角度对智能机器人的相关技术进行了介绍，希望能为从事智能机器人研究、开发和应用的人员提供参考。

本书共9章，各章内容安排如下：

第1章为绪论。本章首先从机器人学和机器人三定律入手，介绍了国内外机器人的发展情况，以及机器人的发展历程；然后在此基础上介绍机器人的一些基本概念，如机器人的定义与特点、结构与分类；接着介绍了人工智能的发展，并对机器人学与人工智能的关系进行分析；最后介绍了机器人学的知识图谱和研究方向。

第2章为机器人学的数学基础。机器人学的研究离不开各物体间以及物体与机器人间的空间关系。本章主要介绍这些空间关系的表示和变换方法，如位置、方位和位姿的表示，坐标变换，以及通用旋转变换。

第3章为智能机器人体系结构。体系结构是从体系层面对智能机器人系统结构进行的表述。本章首先介绍了智能机器人常见的三种体系结构，即慎思式系统结构、反应式系统结构和混合式系统结构；然后给出了针对一些特殊场景和特殊应用的新型体系结构；最后对机器人操作系统进行了简要的介绍。

第4章为智能机器人中的传感器。在智能机器人系统中，传感器是指那些起到内部反馈控制作用或感知与外部环境的相互作用的装置。智能机器人中的传感器可以分为内部传感器和外部传感器，本章首先对常见的内部传感器和外部传感器进行了介绍，然后重点介绍了视觉传感器和距离传感器。

第5章为环境感知与建模。即时定位与地图构建（SLAM）是机器人感知环境的重要技术。本章首先介绍了SLAM中的常用模型，然后介绍了地图构建中的常用地图，接着介绍了机器人的定位技术，最后对SLAM的研究方法、现状及方向进行了详细的介绍。

第6章为路径规划。路径规划是机器人技术的主要研究内容之一。路径规划是指基于环境地图，在一定的约束条件下，搜索一条最优可通行路径。本章首先简单介绍了环境地图常用的表示方法，然后介绍了路径规划技术，最后对几种常用的全局路径规划算法和局部路径规划算法进行了详细的介绍。

第7章为机器人控制。对机器人的运动进行控制，使其按预定方式运动，是设计机器人的目的。本章首先介绍了机器人控制的基础理论，即对机器人的运动学和动力学进行描述；然后围绕机器人的具体控制问题展开了论述，重点介绍了机器人的传统控制方法和智能控制方法。

第8章为多机器人协同。在面对一些大型的复杂场景以及对处理能力和实时性要求较高的任务时，单机器人越来越难以胜任，因此多机器人协作系统成为机器人学的一个重要研究课题。本章首先对多机器人系统进行了概述，然后对多机器人系统的三个主要研究内容，即多机器人的协同感知、协同作业和协同编队，进行了详细的介绍。

第 9 章为智能机器人的 HRI。人–机器人交互（HRI）技术是人机交互（HCI）技术在机器人领域的发展，已成为机器人领域的重要研究方向之一。本章先对 HCI 技术进行了概述，然后介绍了 HRI 相关理论，最后对智能 HRI 的关键技术进行了论述。

本书除了署名的作者，刘华峰、董文杰、洪洋、张佳程等研究生也参与了部分章节的编写。

限于作者水平，本书难免会有疏漏和不足之处，敬请广大读者朋友批评指正。

作　者

2020 年 5 月于南京

目 录

第1章 绪论 ··· 1
  1.1 机器人的发展 ·· 1
    1.1.1 机器人学的起源和机器人三定律 ·························· 1
    1.1.2 国外机器人的发展情况 ·· 2
    1.1.3 国内机器人的发展情况 ·· 3
    1.1.4 机器人的发展历程 ··· 4
  1.2 机器人的基本概念 ·· 5
    1.2.1 机器人的定义与特点 ·· 5
    1.2.2 机器人的结构和分类 ·· 7
  1.3 机器人学与人工智能 ··· 11
    1.3.1 人工智能的发展 ··· 11
    1.3.2 机器人学与人工智能的关系 ································ 12
  1.4 机器人学的研究领域 ··· 13
    1.4.1 机器人学的知识图谱 ·· 13
    1.4.2 机器人学的研究方向 ·· 14

第2章 机器人学的数学基础 ······································· 17
  2.1 位置和姿态的表示 ·· 17
    2.1.1 位置的表示 ··· 17
    2.1.2 方位的表示 ··· 18
    2.1.3 位姿的表示 ··· 19
  2.2 坐标变换 ·· 19
    2.2.1 平移坐标变换和旋转坐标变换 ··························· 20
    2.2.2 齐次坐标变换 ··· 22
  2.3 通用旋转变换 ··· 26

IX

2.3.1　通用旋转变换公式 ·················· 27
　　2.3.2　等效转角与转轴 ·················· 29
第3章　智能机器人体系结构 ·················· 31
　3.1　慎思式体系结构 ······················ 31
　3.2　反应式体系结构 ······················ 33
　3.3　混合式体系结构 ······················ 34
　3.4　新型体系结构 ······················· 37
　　3.4.1　自组织体系结构 ·················· 38
　　3.4.2　分布式体系结构 ·················· 39
　　3.4.3　社会机器人体系结构 ················ 40
　3.5　机器人操作系统 ······················ 41
第4章　智能机器人中的传感器 ·················· 43
　4.1　内部传感器 ························ 44
　　4.1.1　规定位置检测的内部传感器 ············· 44
　　4.1.2　位置、角度测量传感器 ··············· 45
　　4.1.3　速度传感器 ···················· 47
　4.2　外部传感器 ························ 47
　4.3　视觉传感器 ························ 49
　　4.3.1　光电二极管与光电转换器 ·············· 49
　　4.3.2　位置敏感探测器 ·················· 49
　　4.3.3　CCD图像传感器 ·················· 50
　　4.3.4　CMOS图像传感器 ················· 51
　　4.3.5　红外传感器 ···················· 52
　4.4　距离传感器 ························ 52
　　4.4.1　超声波距离传感器 ················· 53
　　4.4.2　激光雷达 ····················· 53
　　4.4.3　毫米波雷达 ···················· 58
　　4.4.4　深度摄像机 ···················· 60
第5章　环境感知与建模 ····················· 65
　5.1　SLAM中的常用模型 ···················· 65
　　5.1.1　坐标系模型 ···················· 65

目录

- 5.1.2 机器人位置模型 ······ 66
- 5.1.3 里程计或控制命令模型 ······ 66
- 5.1.4 运动模型 ······ 67
- 5.1.5 传感器观测模型 ······ 68
- 5.1.6 噪声模型 ······ 68
- 5.2 地图构建中的常用地图及其选择标准 ······ 69
- 5.3 机器人定位技术 ······ 72
  - 5.3.1 相对定位技术 ······ 73
  - 5.3.2 绝对定位技术 ······ 74
- 5.4 即时定位与地图构建的研究方法、现状及方向 ······ 75
  - 5.4.1 基于卡尔曼滤波器和扩展卡尔曼滤波器的研究方法 ······ 77
  - 5.4.2 基于粒子滤波器的研究方法 ······ 79
  - 5.4.3 基于图优化的研究方法 ······ 81
  - 5.4.4 SLAM 的研究现状 ······ 82
  - 5.4.5 SLAM 的研究方向 ······ 89

第 6 章 路径规划 ······ 91

- 6.1 环境地图的表示 ······ 91
  - 6.1.1 拓扑地图 ······ 92
  - 6.1.2 度量地图 ······ 93
  - 6.1.3 混合地图 ······ 95
- 6.2 路径规划技术 ······ 95
  - 6.2.1 全局路径规划 ······ 95
  - 6.2.2 局部路径规划 ······ 98
- 6.3 全局路径规划算法 ······ 100
  - 6.3.1 A^* 算法 ······ 100
  - 6.3.2 D^* Lite 算法 ······ 105
  - 6.3.3 基于蚁群算法的路径规划 ······ 108
- 6.4 局部路径规划算法 ······ 112
  - 6.4.1 基于滚动窗口的局部路径规划算法 ······ 112
  - 6.4.2 Morphin 算法 ······ 116

第7章 机器人控制 ... 123
7.1 机器人运动学 ... 123
7.1.1 运动学概述 ... 124
7.1.2 运动的描述与分析 ... 126
7.1.3 基于麦克纳姆轮的全向移动平台的运动分析 ... 133
7.2 机器人动力学 ... 137
7.2.1 动力学概述 ... 137
7.2.2 动力学分析方法 ... 138
7.2.3 立方体机器人动力学分析 ... 142
7.3 机器人的传统控制 ... 145
7.3.1 机器人的运动控制 ... 145
7.3.2 机器人的轨迹规划和轨迹控制 ... 149
7.3.3 机器人的力控制 ... 155
7.4 机器人的智能控制 ... 160
7.4.1 智能控制概述 ... 160
7.4.2 智能控制系统分类及应用 ... 161

第8章 多机器人协同 ... 175
8.1 多机器人系统概述 ... 175
8.2 多机器人协同感知 ... 178
8.3 多机器人协同作业 ... 186
8.3.1 市场拍卖方法 ... 186
8.3.2 情感招募方法 ... 188
8.4 多机器人协同编队 ... 191
8.4.1 基于领航者-跟随者的方法 ... 193
8.4.2 基于虚拟结构的方法 ... 196

第9章 智能机器人的 HRI ... 201
9.1 HCI 技术概述 ... 201
9.1.1 HCI 的作用 ... 201
9.1.2 HCI 过程涉及的元素 ... 202
9.1.3 HCI 技术的发展 ... 203
9.2 HRI 相关理论 ... 203

- 9.2.1 HRI 技术的发展 …………………………………………… 204
- 9.2.2 HRI 模式的分类 …………………………………………… 206
- 9.2.3 面向不同应用领域的 HRI 模式 …………………………… 210
- 9.2.4 HRI 的评估 ………………………………………………… 212
- 9.3 智能 HRI 的关键技术 …………………………………………… 215
  - 9.3.1 智能 HRI 的特点 …………………………………………… 216
  - 9.3.2 自然语言交互 ……………………………………………… 217
  - 9.3.3 手势交互 …………………………………………………… 218
  - 9.3.4 脑机交互 …………………………………………………… 222
  - 9.3.5 虚拟现实交互 ……………………………………………… 224
  - 9.3.6 多模态交互 ………………………………………………… 226

参考文献 ……………………………………………………………… 229

第1章

绪论

1920年，捷克斯洛伐克科幻作家卡雷尔·恰佩克（Karel Čapek）在科幻剧本《罗索姆的万能机器人》中首次使用了"Robota"（后演化成现在通用的"Robot"）一词，至今已经有100年的时间了。

在这100年的时间里，机器人作为一种现代制造业中重要的自动化装备，已经对我们的生产及生活产生了变革性的影响。

近年来，移动互联网、大数据、云计算、物联网、人工智能等信息技术的突破和融合发展促进了机器人行业的快速发展，5G通信、人工智能、计算模式等都对机器人的发展有着潜在而巨大的贡献。

1.1 机器人的发展

机器人学（Robotics）集中了自动控制理论、机械工程、材料科学、计算机技术、电子技术及人工智能等多门学科的最新研究成果，代表了现代机电一体化的最高成就，是当代科学技术发展最活跃的领域之一[1]。机器人目前主要应用于工业领域，如危险的工业环境中。机器人的外形有多种样式，有一些在外形上近似于人类，被称为类人机器人或者人形机器人。类人机器人的使用有助于机器人复制或者模仿人类执行某些任务时的行为，如行走、拾取、搬运、言语、认知，以及人类可以做的大多数工作。

1.1.1 机器人学的起源和机器人三定律

机器人学源自机器人一词，而机器人一词源自卡雷尔·恰佩克发表的科幻剧本《罗索姆的万能机器人》[2]。

1927年，一个由德国演员布里吉特·黑尔姆（Brigitte Helm）饰演的女性机器人（德语：Maschinenmensch），第一次在弗里茨·朗执导的德国科幻电影《大都会》中出现。

在 1942 年，阿西莫夫（Isaac Asimov）在他的短篇科幻小说《转圈圈》*Runaround* 中首次发表了"机器人三定律"[3]（也称为机器人三法则）：

第一定律：机器人不得伤害人类，或看到人类受到伤害而袖手旁观。

第二定律：在不违反第一定律的前提下，机器人必须绝对服从人类下达的命令。

第三定律：在不违反第一定律和第二定律的前提下，机器人必须尽力保护自己。

机器人学术界一直将这三条定律作为开发机器人的准则，阿西莫夫也因此被誉为机器人学之父。

后来，阿西莫夫又补充了机器人第零定律。

第零定律：机器人不可以伤害整个人类社会群体，或在人类社会群体承受迫害时不为所动。

为什么后来要制定第零定律呢？因为在某些情况下，例如，为了维持国家或者全体人类的整体秩序，根据法院的判决必须对某罪犯执行死刑，在这种情况下，机器人该不该阻止死刑的执行呢？显然是不应该阻止的，否则就会破坏我们要维持的整体秩序，也就是伤害了人类社会群体。因此，第零定律的地位要凌驾于其他三条定律之上。

1.1.2 国外机器人的发展情况

1954 年，美国人乔治·迪沃（George C. Devol）提出了第一个工业机器人方案，该方案在 1956 年获得美国专利。

1960 年，Conder 公司购买乔治·迪沃的专利并制造了样机。

1961 年，Unimation 公司（通用机械公司）成立，生产和销售了第一台工业机器人 Unimate。

1962 年，AMF（机械与铸造）公司研制出了一台数控自动通用机，取名为 Versatran。

1967，Unimation 公司的第一台喷涂用机器人出售到了日本川崎重工业株式会社。

1968 年，第一台智能机器人 Shakey 在斯坦福研究所诞生。

1972 年，IBM 公司研制出了直角坐标机器人（Cartesian Robot）。

1973 年，Cincinnati Milacron 公司推出了 T3 型机器人。

1977年，日本学者研制出了首台多指灵巧手样机。

1978年，第一台PUMA机器人在Unimation公司诞生；同年，澳大利亚学者首次将6自由度并联机构用于机器人操作器。

1981年，日本山梨大学（University of Yamanashi）的牧野洋开发出了SCARA型机器人。

1988年，卡耐基梅隆大学（Carnegie Mellon University，CMU）研制出了可重构模块化机械手系统RMMS。

1996年，日本本田技研工业株式会社研制出了P2型机器人，2000年推出了类人机器人ASIMO（阿西莫）。

2005年，美国波士顿动力（Boston Dynamics）公司研制出"大狗"（BigDog）机器人。

2008年，英国科学家研制了首个有生物脑的机器人米特·戈登（Meet Gordon）。

随着机器人技术的发展，形成了一个新学科——机器人学，业界也成立了相应的学术组织和学术刊物，并定期举办学术活动。例如：国际会议有IEEE国际机器人与自动化大会（IEEE International Conference on Robotics and Automation，IEEE ICRA）、机器人：科学与系统（Robotics：Science and Systems，RSS）会议，以及IEEE/RSJ智能机器人与系统国际会议（IEEE/RSJ International Conference on Intelligent Robots and Systems，IROS）等；学术刊物有《机器人学研究》（Robtics Research）、《机器人学》（Robotica）、《机械人学与自动化》（Robotics and Automation）等。

1.1.3 国内机器人的发展情况

从产业的角度来看，我国对机器人有着极大的产业需求。据国际机器人联合会（International Federation of Robotics，IFR）的产业报告，中国是全球机器人需求量最大的国家[4]。然而，就技术的发展而言，我国对机器人的研究起步比较晚。

20世纪70年代末，机器人的研究开始在我国萌芽，一些高等院校和企业开始研制专用机械手。随着一批批中国学者前赴后继地投入机器人的研究，我国在相关领域的学术研究渐渐在全球崭露头角。

我国机器人发展的主要历史事件有：

1972年，中国科学院沈阳自动化研究所开始了机器人的研究工作。

1985年12月，我国第一台水下机器人"海人一号"首航成功，开创了我国机器人研制的新纪元。

1985年，哈尔滨工业大学研制出了国内首台弧焊机器人（华宇Ⅰ型），之后又研制出国内第一台点焊机器人（华宇Ⅱ型）。

进入20世纪90年代后，国家"863"计划把机器人技术作为重点发展技术来支持，建立了机器人示范工程中心和机器人学国家重点实验室，并由此衍生出了机器人产业化基地，如哈尔滨博实自动化股份有限公司、沈阳新松机器人自动化股份有限公司、北京机械工业自动化研究所机器人工程中心。

1997年，南开大学机器人与信息自动化研究所研制出了我国第一台用于生物实验的微操作机器人系统。

我国相关的工业规划中提到，我国要大力推动优势和战略产业，快速发展机器人，包括医疗健康、家庭服务、教育娱乐等服务机器人。

2017年10月25日，《中国机器人标准化白皮书（2017）》正式发布。

我国也建立了机器人学的学术组织和学术刊物，定期举办学术活动。例如，每两年左右会举办一次大型全国或国际性学术会议，学术刊物有《机器人》《机器人技术与应用》等。

经过40多年的发展，我国机器人的研究有了很大的进展，在某些方面已达到了世界先进水平，但从总体上看，与发达国家相比还有较大的差距，我国机器人的研究仍然任重道远。

1.1.4 机器人的发展历程

2017年，中国信息通信研究院、国际数据公司（IDC）和Intel公司共同发布了《人工智能时代的机器人3.0新生态》白皮书，其中把机器人的发展历程划分为三个时代，分别称为机器人1.0、机器人2.0、机器人3.0。

机器人1.0（1960—2000年）：机器人对外界环境没有感知，只能单纯地复现人类的示教动作，在制造领域替代人工进行机械性的重复体力劳动。

机器人2.0（2000—2015年）：通过传感器和数字技术构建了机器人的感知能力，并模拟了人类的部分功能，不但促进了机器人在工业领域的应用，也逐步开始向商业领域拓展。

机器人3.0（2015—2020年）：伴随着感知、计算、控制等技术的迭代升级，以及图像识别、自然语音处理、深度认知学习等技术在机器人领域的深入应用，机器人领域的服务化趋势日益明显，逐渐渗透到社会生产、生活的每一个角落。在机器人 2.0 的基础上，机器人 3.0 实现了从感知到认知、推理、决策的智能化进阶。

机器人 3.0 预计在 2020 年完成，在此之后，将进入机器人 4.0 时代，把云端大脑分布在从云到端的各个地方，充分利用边缘计算来提供性价比更高的服务，把要完成任务的记忆场景的知识和常识很好地组合起来，实现规模化部署。机器人除了具有感知能力，可实现智能协作，还具有理解和决策的能力，可实现自主的服务。在某些不确定的情况下，它需要在远程进行人工增强或者做出一些决策辅助，但是它在大多数情况下可以自主完成任务。要实现这一目标，首先需要利用人工智能和 5G 通信技术。利用人工智能技术不仅可以提高机器人本身感知能力，还可以提升个性化自然交互能力。利用 5G 通信技术，可以大大缩短从终端到接入网的时间，并且大幅度提升带宽，这样就可以将很多东西放到云端，同时增强计算能力，包括云端大脑的一些扩展，有助于机器人的规模化部署。

类似于互联网的三级火箭式发展模式，机器人的发展也可分为三个阶段。第一阶段是在关键场景中，把握垂直应用，提高场景、任务、能力之间的匹配程度，提高机器人在关键应用场景的能力，扩大用户基础。第二阶段是通过人工增强加入持续学习和场景自适应的能力，延伸服务能力，取代部分人力，逐步实现对人的替代，让机器人的能力满足用户预期。第三阶段是实现规模化，可通过云-边-端融合的机器人系统和架构，让机器人达到数百万、千万级水平，从而降低成本，实现大规模的商用。

1.2 机器人的基本概念

1.2.1 机器人的定义与特点

1. 机器人的定义

机器人问世已有几十年了，但至今还没有一个统一的定义，其原因之一是机器人还在发展，另一个主要原因是机器人涉及人的概念，成为一个难以回答的哲学问题。也许正是由于机器人没有统一的定义，才给了人们充分的想象和创造空间[5]。

美国机器人产业协会（Robotic Industries Association，RIA）对机器人的定义是：一种用于移动各种材料、零件、工具的专用装置，通过程序控制各种作业，并具有编程能力的多功能操作机。

美国国家标准局（National Bureau of Standards，NBS）对机器人的定义是：一种能够进行编程并在自动控制下完成某些操作和移动作业任务或动作的机械装置。

国际标准化组织（International Organization for Standardization，ISO）在1987年给出的工业机器人定义是：工业机器人是一种具有自动控制的操作和移动功能，能完成各种作业的可编程操作机。

日本工业标准局给出的机器人定义是：机器人是一种机械装置，在自动控制下能够完成某些操作或者动作。

英国相关部门给出的机器人定义是：貌似人的自动机，具有智力并顺从于人的，但不具有人格的机器。

我国业界给出的机器人定义是：机器人是一种自动化的机器，这种机器具备一些与人或生物相似的智能能力，如感知能力、规划能力、动作能力和协同能力，是一种具有高度灵活性的自动化机器。

百度百科给出的机器人定义是：机器人是自动执行工作的机器装置，它既可以接受人类指挥，又可以运行预先编写的程序，也可以根据人工智能技术制定的原则纲领行动。它的任务是协助或取代人类的工作，例如制造业、建筑业或危险的工作。

维基百科给出的机器人的定义是：包括一切模拟人类行为或思想与模拟其他生物的机械（如机器狗、机器猫等）。

尽管各方给出的机器人定义并不相同，但基本指明了作为机器人所具备的两个共同点：

- 机器人是一种自动机械装置，可以在无人参与的情况下自动完成多种操作或动作，即具有通用性。
- 机器人可以再编程，程序流程可变，即具有柔顺性（适应性）。

2. 机器人的特点

（1）可编程

可以根据不同的环境编写不同的程序，以驱动机器人完成不同的动作，从而满足不同环境的需求，达成不同的任务目标，因此机器人可以适应不同的环境，并做出最适合该环境的调整，在机器人数量和品种较多的情况下有很高的工作效率。

（2）拟人化

机器人在机械结构上有类似于人的上臂、下臂、手腕、手爪等部分，在控制上有计算机这一类似于人脑的控制中枢。此外，机器人还有许多模仿人类的生物传感器，如皮肤型接触传感器、力觉传感器、负载传感器、视觉传感器、声觉传感器、语音传感器等。传感器提高了机器人对周围环境的自适应能力。

（3）通用性

除了专门设计的专用的机器人，一般机器人在执行不同的作业任务时具有较好的通用性。例如，可以通过更换机器人的末端操作器（手爪、工具等）来执行不同的作业任务。

（4）机电一体化

机器人技术涉及的学科非常广泛，但从总体上可以归纳为机械学和微电子学的结合——机电一体化，不仅具有获取外部环境信息的各种传感器，还具有记忆能力、语言理解能力、图像识别能力、推理判断能力等，这些都和微电子技术，特别是计算机技术密切相关。因此，机器人技术的发展和应用水平也代表了一个国家科学技术和工业技术的水平。

1.2.2 机器人的结构和分类

1. 机器人的结构

机器人的结构包括机械系统、控制系统、驱动系统和感知系统四大部分[6]，如图1-1所示。

（1）机械系统

机器人的机械系统包括机身、臂部、手腕和末端操作器等部件，每个部件都有若干自由度，从而构成了一个多自由度的机械系统。此外，有的机器人还具备行走机构或腰转机构。若机器人具备行走机构，则构成行走机器人；若机器人不具备行走机构和腰转机构，则构成单臂机器人。末端操作器是直接装在手腕上的一个重要部件，它可以是两手指或多手指的手爪，也可以是喷漆枪、焊枪等作业工具。机械系统的作用相当于人的身体（如骨骼、手、臂和腿等）。

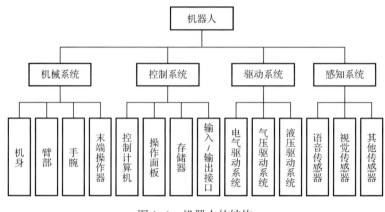

图1-1 机器人的结构

（2）控制系统

控制系统的任务是根据机器人的作业程序，以及从传感器反馈回来的信息来控制机器人的执行机构，使机器人完成规定的作业。

如果控制系统不具备信息反馈环节，则称为开环控制系统；如果具备信息反馈环节，则称为闭环控制系统。控制系统主要由计算机硬件和控制软件组成，控制软件主要由人与机器人进行联系的人机交互系统和控制算法组成。控制系统的作用相当于人的大脑。

（3）驱动系统

驱动系统主要是指驱动机械系统动作的装置，根据驱动源的不同，可分为电气、液压和气压三种驱动系统，以及这三种驱动系统构成的综合驱动系统。驱动系统的作用相当于人的肌肉。

电气驱动系统在机器人中应用得比较普遍，可采用步进电机、直流伺服电机和交流伺服电机。早期多采用步进电机驱动，后来发展为直流伺服电机，现在交流伺服电机驱动也逐渐得到应用。有的电气驱动系统直接驱动机械系统，有的电气驱动系统通过谐波减速器后驱动机械系统。电气驱动系统的结构简单紧凑。

液压驱动系统的运动平稳，且负载能力大，对用于重载搬运和零件加工的机器人，采用液压驱动系统比较合适。但液压驱动系统存在管道复杂、清洁困难等缺点，因此限制了它在装配作业中的应用。

无论采用电气驱动系统，还是采用液压驱动系统的机器人，其手爪的开合都采用气压驱动系统。气压驱动系统具有结构简单、动作迅速、价格低廉等优点。由于空气具有可压缩性，其工作速度的稳定性较差，但是空气的可压缩性可提高手爪在抓取或卡紧物体时的柔顺性，可防止受力过大而造成被抓物体或手爪本身的破坏。气压驱动系统的压强一般为 0.7 MPa，因而抓取力小，只有几十牛［顿］到几百牛。

(4) 感知系统

感知系统主要由各种传感器组成，这些传感器可分为内部传感器和外部传感器。感知系统的作用是获取机器人的内部信息和外部环境信息，并把这些信息反馈给控制系统。内部传感器用于检测各关节的位置、速度等变量，为控制系统提供反馈信息。外部传感器用于检测机器人与周围环境之间的一些状态变量，如距离、接近程度和接触情况等，用于引导机器人，便于其识别周围环境并做出相应的处理。外部传感器可使机器人以灵活的方式对它所处的环境做出反应。感知系统的作用相当于人的五官。

2. 机器人的分类

根据不同的标准，机器人有多种分类方法。这里主要介绍三种分类方法，即按机器人的应用环境分类、按机器人的功能分类和按机器人的智能程度分类。

(1) 按机器人的应用环境分类

按机器人的应用环境分类，可将机器人分为两大类，即工业机器人和服务机器人。根据用途的不同，工业机器人又可以分为焊接机器人、搬运机器人、喷漆机器人、涂胶机器人、装配机器人、码垛机器人、切割机器人、自动牵引车机器人、净室机器人等。服务机器人则是指工业机器人之外的、用于非制造业并服务于人类的各种机器人，主要包括个人/家用服务机器人和专业服务机器人。其中：个人/家用机器人主要包括家庭作业机器人、娱乐休闲机器人、残障辅助机器人、住宅安全和监视机器人等；专业服务机器人主要包括场地机器人、专业清洁机器人、医用机器人、物流用途机器人、检查和维护保养机器人、建筑机器人、水下机器人，以及国防、营救和安全应用机器人等。

(2) 按机器人的功能分类

按机器人的功能分类，可将机器人分为传感型机器人、自主型机器人和交互型机器人。

① 传感型机器人，也称为外部受控机器人。这类机器人本身没有智能单元，只有执行机构和感应机构，它可利用传感器反馈的信息（包括视觉、听觉、触觉、接近觉、压力、红外线、超声波及激光等）实现控制与操作。传感型机器人受控于外部计算机，目前机器人世界杯的小型组比赛所用的机器人就属于这种类型。

② 自主型机器人。自主型机器人不需要人的干预，能够在多种环境下自主完成多项拟人的任务。自主型机器人具有感知、处理、决策、执行等模块，可以像人一样独立地活动和处理问题。许多国家都非常重视自主型机器人的研究。机器人的研究从20世纪60年代初开始，经过几十年的发展，目前，基于感觉控制的智能机器人（又称为第二代机器人）已进入实际应用的阶段，基于知识控制的智能机器人（又称为自主型机器人或下一代机器人）也取得了较大进展，已研制出了多种样机。

③ 交互型机器人。交互型机器人通过计算机系统与操作人员或程序人员进行人机对话，实现对机器人的控制与操作。虽然交互型机器人具有部分处理和决策功能，能够独立地实现一些诸如轨迹规划、简单避障等功能，但还要由外部计算机控制。

（3）按机器人的智能程度分类

按机器人的智能程度分类，可将机器人可分为工业机器人、初级智能机器人和高级智能机器人。

① 工业机器人。工业机器人只能死板地按照人们编写的程序作业，不管外界条件如何变化，工业机器人都不能对程序，也就是对作业进行相应的调整。如果要改变作业，必须对程序进行相应的修改，因此可以说工业机器人是毫无智能的。

② 初级智能机器人。初级智能机器人具有感受、识别、推理和判断能力，可以根据外界条件的变化，在一定范围内自行修改程序，也就是说，它能根据外界条件的变化做出相应的调整。不过，修改程序的原则由人预先规定。初级智能机器人已具有一定的智能。

③ 高级智能机器人。高级智能机器人具有感受、识别、推理和判断能力，同样可以根据外界条件的变化在一定范围内自行修改程序。和初级智能机器人不同的是，高级智能机器人修改程序的原则不是由人规定的，而是由机器

人自己通过学习、总结经验来修改程序的,所以它的智能高于初级智能机器人。高级智能机器人已经具有一定的自动规划能力,能够自己安排作业,可以不需要人的监管,完全独立地工作。随着深度学习等技术的不断发展,高级智能机器人也开始走向实用。

1.3 机器人学与人工智能

1.3.1 人工智能的发展

人工智能(Artificial Intelligence,AI)是研究开发用于模拟和延伸或扩展人类智能的理论、方法、技术及应用系统的一门新的技术科学[7]。人工智能是计算机科学的一个分支,旨在了解智能的实质,并生产出一种新的能以类似于人类智能的方式做出反应的智能机器。人工智能领域的研究除了机器人,还有语音识别、图像识别、自然语言处理和专家系统等。人工智能的应用领域除了机器人,还有机器翻译、智能控制、专家系统、语言和图像处理、自动程序设计、航天应用、庞大的信息处理和存储与管理,以及执行人类自身无法执行的复杂或规模庞大的任务等。随着人工智能理论和技术的日益成熟,其应用领域也正在不断扩大,未来人工智能带来的科技产品,将会是人类智慧的"容器",也可能超过人类智能。

人工智能的正式提出是在1956年,到目前为止已经取得不少进展。从技术上而言,人工智能采用的方法可以初步划分为两类,一类是符号方法,另一类是统计方法(支持向量机、人工神经网络、深度学习都可以归为这一类)[8]。

人工智能的发展可以大致分为两个阶段,1990年以前主要采用符号方法,包括基于规则、逻辑等方法。20世纪80年代,基于知识库的专家系统是这个时期人工智能走向应用的一个尝试,取得了一定的成果,但也很快显现了这类方法的问题,比如很难完整地建立相对开放领域的知识库(尤其是很难完全表示常识),也出现了知识库增大后知识推理的组合数量太多、缺乏学习能力等问题。

从20世纪90年代开始,统计方法开始盛行并取得了不少进展,包括支持向量机等机器学习方法,并广泛应用于语音识别、自然语言处理、计算机视觉、数据挖掘等领域。从 2012 年开始,深度学习方法在计算机视觉、语音识别方面取得了较大的突破,在大规模数据集上任务的执行性能得到了大幅度提升。人工智能,尤其是深度学习方法,已经在不少领域得到广泛应用,包括语音识别、人脸识别等,在机器人的研究中起到了重要的作用。近年来人们在鲁棒性、可解释性、小数据学习等方面发现了困扰传统机器学习方法的一些问题,这些问题在深度学习方法的框架下仍然没有得到解决。

总体说来,60 多年来人工智能技术取得了不少的突破,但也存在不少亟待解决的问题。人工智能先驱马文·明斯基(Marvin Lee Minsky)在他的一篇论文中指出,目前人工智能的进展低于他的预期,其中一个主要原因是主流的方法(符号方法、统计方法或更细分的方法)都想基于单一方法来解决人工智能问题,而真正的人类智能则是有机地结合了多种方法并进行选择的结果,未来的人工智能需要走这个方向才能取得进一步突破。机器人领域对人工智能提出了更高的要求,这也需要在人工智能领域取得更多的突破。

1.3.2 机器人学与人工智能的关系

机器人学与人工智能有十分密切的关系。人工智能的近期目标是研究智能计算机及其系统,以模仿和执行人类的某些智能,如判断、推理、理解、识别、规划、学习和其他问题求解。

然而,目前大多数机器人学的研究还是以控制理论的反馈控制为基础的。也就是说,迄今为止,机器人上的"智能"是由于应用反馈控制而产生的。但是反馈控制本身并非建立在人工智能的基础上,而是属于传统控制理论的范畴。

反馈控制有其局限性,因为反馈控制的数学模型及其实现有众多约束。而人工智能则有许多对环境和周围相关事物产生灵活响应的方法。按照传统控制理论,对事物的响应取决于经过数学化处理的输入,而人工智能可采用诸如自然语言、知识、算法和其他非数学符号等的输入。

一方面,机器人学的进一步发展需要人工智能的理论来指导,并采用各种人工智能技术;另一方面,机器人学的出现与发展又为人工智能的发展带来了新的生机,产生了新的推动力,并提供了一个良好的试验与应用场所,它可以全面检验人工智能技术,并探索这些技术之间的关系,可以说,机器人学的发展推动了人工智能的发展。机器人学中的一些技术可在人工智能研究中用来建立世界模型和描述世界变化的过程。例如，关于机器人路径规划生成和规划监督执行等问题的研究，推动了规划方法的发展。人工智能可以在机器人学上找到实际应用的空间，并使问题求解、任务规划、知识表示和智能系统等基本理论得到进一步发展。

总体来说，机器人学与人工智能紧密相关，机器人学的发展需要人工智能的理论来指导，机器人学的发展依赖于人工智能的发展；反过来，机器人学又是人工智能的试验和应用场所，机器人学的发展为人工智能的发展提供了新的推动力。

1.4 机器人学的研究领域

1.4.1 机器人学的知识图谱

机器人学有着极其广泛的研究和应用领域，这些领域体现出广泛的学科交叉性，涉及众多课题，如机器人体系结构、机构、控制、智能、传感，机器人装配，恶劣环境下的机器人以及机器人语言等[9]。机器人已在工业、农业、商业、旅游业、空间、海洋及国防等领域得到越来越广泛的应用。下面是一些比较重要的研究领域。

（1）传感器与感知系统

包括：各种新型传感器的开发，如视觉、触觉、听觉、接近觉、力觉、临场感等传感器；多传感器系统与传感器融合；传感器数据集成；主动视觉与高速运动视觉；传感器硬件模块化；恶劣工况下的传感器技术；连续语言理解与处理；传感器系统软件；虚拟现实技术。

（2）驱动、建模与控制

包括：超低惯性驱动；直接驱动与间接驱动；离散事件驱动系统的建模、控制与性能评价；控制机理（理论），如分级递阶智能控制、专家控制、学习控制、模糊控制、基于人工神经网络的控制、基于 Petri 网络的控制、感知控制，以及这些控制与最优、自适应、自学习、自校正、预测控制和反馈控制等组成的混合控制；控制系统结构；控制算法；分组协调控制与群控；控制系统动力学分析；控制器接口；在线控制和实时控制；自主操作和自主控制；声音控制和语音控制。

(3) 自动规划与调度

包括：环境模型的描述；控制知识的表示；路径规划；任务规划；非结构环境下的规划；含有不确定性的规划；协调操作（运动）规划；装配规划；基于传感器信息的规划；任务协商与调度；制造（加工）系统中机器人的调度。

(4) 计算机系统

包括：控制智能机器人的计算机体系结构；通用与专用计算机语言；标准化接口；神经计算机与并行处理；人机通信；多智能体系统。

(5) 应用研究

包括：机器人在工业、农业、建筑业中的应用；机器人在服务业中的应用；机器人在核能、高空、水下和其他危险环境中的应用；采矿机器人；军用机器人；灾难救援机器人；康复机器人；排险机器人及抗暴机器人；机器人在计算机集成制造系统（Computer Integrated Manufacturing System，CIMS）和柔性制造系统（Flexible Manufacturing System，FMS）中的应用。

(6) 其他

包括：机电一体化的设计与超微型机器人；产品及其自动加工的协同设计。

1.4.2 机器人学的研究方向

近些年，机器人学的研究主要是在移动机器人、类人机器人、人机交互、实时响应和路径规划等细分领域展开的。

(1) 移动机器人

移动机器人是最常见的应用机器人之一，无论家庭日常所用的机器人，如自动扫地机器人，还是在工厂里作业的机器人，如物流机器人，移动机器人技术都是机器人学研究的一个技术要点。

(2) 类人机器人

类人机器人是指具备人类的外形特征和行动能力的智能机器人。类人机器人需要解决机器人的行走问题、感知问题、交互与智能化三大问题，而这三大问题的解决与机构学、控制技术、传感器技术、人工智能等的发展息息相关，这些技术的发展直接影响着类人机器人的发展。

(3) 人机交互

随着信息技术的发展，人机交互的模式也在不断丰富，人机交互的发展可以分为四个阶段：①基本交互；②图形式交互；③语音式交互；④感应式交互（体感交互）。当前机器人的发展越来越强调人机交互的智能化，体感交互将成为未来人机交互发展的新方向。

(4) 实时响应

不论早期的工业机器人，还是现在的服务机器人，都要求机器人对现实情况做出快速的反应。机器人的工作，归根到底就是人类活动的拓展和延伸。人能够快速地对各种不可预知的突发情况做出实时的响应，这就要求机器人也必须有此能力才能保证工作任务的完成。

(5) 路径规划

机器人路径规划是指在有障碍物的环境中，如何寻找一条从起点到终点的适当运动路径，使机器人能安全、无碰撞地绕过所有的障碍物。

第 2 章
机器人学的数学基础

机器人和计算机视觉中的一个基本要求是能够表示物体在环境中的位置、方向和位姿,这些物体包括机器人、摄像机、工件、障碍物和路径等[10]。

空间中的点是数学中一个熟悉的概念,它可以被表示为一个位置向量,也称为约束向量,用来表示点相对于某个参考坐标系的位移。一个直角坐标系或笛卡儿坐标系是由一组相互正交的坐标轴构成的,这些坐标轴相交于一个被称为原点的点。

2.1 位置和姿态的表示

在表示物体(如零件、工具或机械手)间的关系时,要用到位置向量、平面和坐标系等概念。首先,让我们来建立这些概念及其表示法[11]。

2.1.1 位置的表示

一旦建立了一个坐标系,就能够用一个 3×1 的位置向量来确定该空间内任一点的位置。对于坐标系 $\{A\}$,空间任一点 p 的位置可用 3×1 的列向量 $^A\boldsymbol{P}$ 表示,即:

$$^A\boldsymbol{P} = \begin{bmatrix} p_x \\ p_y \\ p_z \end{bmatrix} \quad (2-1)$$

式中,p_x、p_y、p_z 是点 p 在坐标系 $\{A\}$ 中 3 个坐标轴上的分量。$^A\boldsymbol{P}$ 的上标 A 代表坐标系 $\{A\}$。我们称 $^A\boldsymbol{P}$ 为位置向量。位置表示如图 2-1 所示。

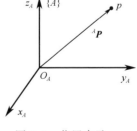

图 2-1 位置表示

2.1.2 方位的表示

为了研究机器人的运动与操作，不仅需要表示空间某个点的位置，还需要表示物体的方位（Orientation）[12]。物体的方位可由某个固接于此物体的坐标系描述。为了规定空间某刚体 B 的方位，设置一坐标系 $\{B\}$ 与此刚体固接。用坐标系 $\{B\}$ 的3个单位主向量 x_B、y_B、z_B 相对于参考坐标系 $\{A\}$ 的方向余弦组成的 3×3 矩阵 $^A_B\boldsymbol{R}$ 来表示刚体 B 相对于坐标系 $\{A\}$ 的方位。$^A_B\boldsymbol{R}$ 称为旋转矩阵，即：

$$^A_B\boldsymbol{R} = \begin{bmatrix} ^A\boldsymbol{x}_B & ^A\boldsymbol{y}_B & ^A\boldsymbol{z}_B \end{bmatrix} = \begin{bmatrix} r_{11} & r_{12} & r_{13} \\ r_{21} & r_{22} & r_{23} \\ r_{31} & r_{32} & r_{33} \end{bmatrix} \quad (2-2)$$

式中，上标 A 代表参考坐标系 $\{A\}$，下标 B 代表坐标系 $\{B\}$。$^A_B\boldsymbol{R}$ 共有9个元素，但只有3个是独立的。由于 $^A_B\boldsymbol{R}$ 中的3个列向量 $^A\boldsymbol{x}_B$、$^A\boldsymbol{y}_B$ 和 $^A\boldsymbol{z}_B$ 都是单位主向量，且两两相互垂直，因而它的9个元素满足如下6个约束条件（正交条件）：

$$^A\boldsymbol{x}_B \cdot {^A\boldsymbol{x}_B} = {^A\boldsymbol{y}_B} \cdot {^A\boldsymbol{y}_B} = {^A\boldsymbol{z}_B} \cdot {^A\boldsymbol{z}_B} = 1 \quad (2-3)$$

$$^A\boldsymbol{x}_B \cdot {^A\boldsymbol{y}_B} = {^A\boldsymbol{y}_B} \cdot {^A\boldsymbol{z}_B} = {^A\boldsymbol{z}_B} \cdot {^A\boldsymbol{x}_B} = 0 \quad (2-4)$$

可见，旋转矩阵 $^A_B\boldsymbol{R}$ 是正交的，并且满足条件：

$$^A_B\boldsymbol{R}^{-1} = {^A_B\boldsymbol{R}}^{\mathrm{T}}, \quad |^A_B\boldsymbol{R}| = 1 \quad (2-5)$$

式中，上标 T 表示转置；$|\cdot|$ 为行列式符号。

旋转矩阵 $^A_B\boldsymbol{R}$ 分别绕 x、y 或 z 轴进行角度为 θ 的旋转变换，其变换矩阵分别为：

$$\boldsymbol{R}(x,\theta) = \begin{bmatrix} 1 & 0 & 0 \\ 0 & \cos\theta & -\sin\theta \\ 0 & \sin\theta & \cos\theta \end{bmatrix} \quad (2-6)$$

$$\boldsymbol{R}(y,\theta) = \begin{bmatrix} \cos\theta & 0 & \sin\theta \\ 0 & 1 & 0 \\ -\sin\theta & 0 & \cos\theta \end{bmatrix} \quad (2-7)$$

$$\boldsymbol{R}(z,\theta) = \begin{bmatrix} \cos\theta & -\sin\theta & 0 \\ \sin\theta & \cos\theta & 0 \\ 0 & 0 & 1 \end{bmatrix} \quad (2-8)$$

图 2-2 表示一物体（这里为抓手）的方位，此物体与坐标系 $\{B\}$ 固接，并相对于参考坐标系 $\{A\}$ 运动。

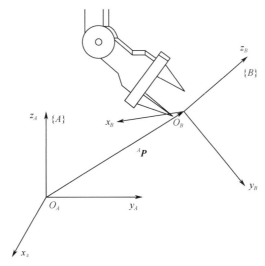

图 2-2　方位表示

2.1.3　位姿的表示

前文讨论了采用位置向量表示点位置、采用旋转矩阵表示物体方位的方法。要完全描述刚体 B 在空间的位姿（位置和姿态），通常将刚体 B 与某一坐标系 $\{B\}$ 固接。坐标系 $\{B\}$ 的原点一般选在刚体 B 的特征点上，如质心等。相对参考坐标系 $\{A\}$，坐标系 $\{B\}$ 的原点位置和坐标轴的方位，分别由位置向量 $^A\boldsymbol{P}_{B_O}$ 和旋转矩阵 $^A_B\boldsymbol{R}$ 描述。这样，刚体 B 的位姿可由坐标系 $\{B\}$ 来表示，即：

$$\{B\} = \{^A_B\boldsymbol{R}\ ^A\boldsymbol{P}_{B_O}\} \tag{2-9}$$

当表示位置时，式（2-9）中的旋转矩阵 $^A_B\boldsymbol{R}=\boldsymbol{I}$（单位矩阵）；当表示方位时，式（2-9）中的位置向量 $^A\boldsymbol{P}_{B_O}=\boldsymbol{O}$（$\boldsymbol{O}$ 为坐标系 $\{B\}$ 的原点位置向量）。

2.2　坐标变换

空间中任一点 p 在不同坐标系中的表示是不同的[13]。为了阐明从一个坐标系的表示到另一个坐标系的表示关系，需要讨论这种变换的数学问题。

2.2.1 平移坐标变换和旋转坐标变换

1. 平移坐标变换

设坐标系 $\{B\}$ 与坐标系 $\{A\}$ 具有相同的方位，但坐标系 $\{B\}$ 的原点与坐标系 $\{A\}$ 的原点不重合，用位置向量 $^A\boldsymbol{P}_{B_o}$ 表示坐标系 $\{B\}$ 相对于坐标系 $\{A\}$ 的位置。平移坐标变换如图 2-3 所示，称 $^A\boldsymbol{P}_{B_o}$ 为坐标系 $\{B\}$ 相对于 $\{A\}$ 的平移向量。如果点 p 在坐标系 $\{B\}$ 中的位置为 $^B\boldsymbol{P}$，那么它相对于坐标系 $\{A\}$ 的位置向量 $^A\boldsymbol{P}$ 可由向量相加得出，即：

$$^A\boldsymbol{P} = {}^B\boldsymbol{P} + {}^A\boldsymbol{P}_{B_o} \tag{2-10}$$

式（2-10）称为平移坐标变换方程。

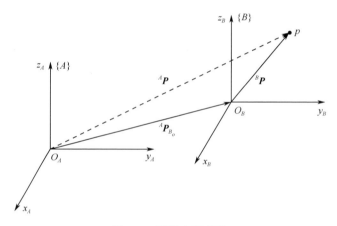

图 2-3 平移坐标变换

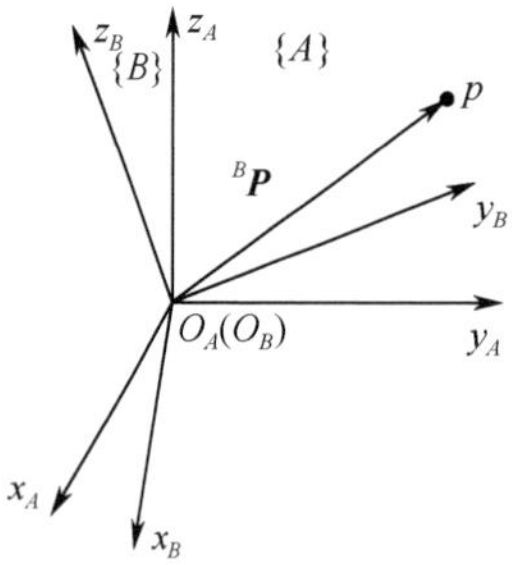

2. 旋转坐标变换

设坐标系 $\{B\}$ 与坐标系 $\{A\}$ 有共同的原点，但两者的方位不同。旋转坐标变换如图 2-4 所示，用旋转矩阵 $^A_B\boldsymbol{R}$ 表示坐标系 $\{B\}$ 相对于坐标系 $\{A\}$ 的方位，同一点 p 在两个坐标系 $\{A\}$ 和 $\{B\}$ 中的表示 $^A\boldsymbol{P}$ 和 $^B\boldsymbol{P}$ 具有如下变换关系：

$$^A\boldsymbol{P} = {}^A_B\boldsymbol{R}\,{}^B\boldsymbol{P} \tag{2-11}$$

图 2-4 旋转坐标变换

式（2-11）称为旋转坐标变换方程。

我们可以类似地用 $^B_A\boldsymbol{R}$ 描述坐标系 $\{A\}$ 相对于坐标系 $\{B\}$ 的方位。$^A_B\boldsymbol{R}$

和 $_A^BR$ 都是正交矩阵，两者互逆。根据式（2-5）所示的正交矩阵的性质，可得：

$$_B^AR = {_B^AR}^{-1} = {_B^AR}^T \tag{2-12}$$

对于最一般的情形：坐标系 $\{B\}$ 的原点与坐标系 $\{A\}$ 的原点并不重合，两者的方位也不相同。用位置向量 $^AP_{B_O}$ 表示坐标系 $\{B\}$ 的原点相对于坐标系 $\{A\}$ 的位置；用旋转矩阵 $_B^AR$ 表示坐标系 $\{B\}$ 相对于坐标系 $\{A\}$ 的方位。复合变换如图 2-5 所示，对于任一点 p 在坐标系 $\{A\}$ 和 $\{B\}$ 中的表示 ^AP 和 ^BP，具有以下变换关系：

$$^AP = {_B^AR}\,^BP + {^AP_{B_O}} \tag{2-13}$$

式（2-13）可以看成旋转坐标变换和平移坐标变换的复合变换。实际上，规定一个过渡坐标系 $\{C\}$，使 $\{C\}$ 的原点与坐标系 $\{B\}$ 的原点重合，而过渡坐标系 $\{C\}$ 的方位与坐标系 $\{A\}$ 相同。根据式（2-11）可得到向过渡坐标系 $\{C\}$ 的变换，即：

$$^CP = {_B^CR}\,^BP = {_B^AR}\,^BP \tag{2-14}$$

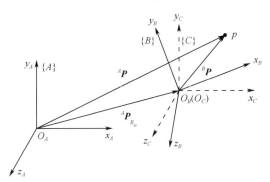

图 2-5　复合变换

再由式（2-10）可得复合变换：

$$^AP = {^CP} + {^AP_{C_O}} = {_B^AR}\,^BP + {^AP_{B_O}} \tag{2-15}$$

例 2.1　已知坐标系 $\{B\}$ 的初始位姿与坐标系 $\{A\}$ 重合，首先坐标系 $\{B\}$ 相对于坐标系 $\{A\}$ 的 z_A 轴转 60°，再沿坐标系 $\{A\}$ 的 x_A 轴移动 8 单位，并沿坐标系 $\{A\}$ 的 y_A 轴移动 4 单位。求位置向量 $^AP_{B_O}$ 和旋转矩阵 $_B^AR$。假设点 p 在坐标系 $\{B\}$ 中的表示为 $^BP = [2, 5, 0]^T$，求它在坐标系 $\{A\}$ 中的表示 ^AP。

根据式（2-8）和式（2-1），可得 $_B^AR$ 和 $^AP_{B_O}$ 分别为：

$$_{B}^{A}\boldsymbol{R} = \boldsymbol{R}(z, 60°) = \begin{bmatrix} \cos 60° & -\sin 60° & 0 \\ \sin 60° & \cos 60° & 0 \\ 0 & 0 & 1 \end{bmatrix} = \begin{bmatrix} 0.5 & -0.866 & 0 \\ 0.866 & 0.5 & 0 \\ 0 & 0 & 1 \end{bmatrix}$$

$$^{A}\boldsymbol{P}_{B_o} = \begin{bmatrix} 8 \\ 4 \\ 0 \end{bmatrix}$$

由式（2-13）可得：

$$^{A}\boldsymbol{P} = {}_{B}^{A}\boldsymbol{R}{}^{B}\boldsymbol{P} + {}^{A}\boldsymbol{P}_{B_o} = \begin{bmatrix} -3.33 \\ 4.232 \\ 0 \end{bmatrix} + \begin{bmatrix} 8 \\ 4 \\ 0 \end{bmatrix} = \begin{bmatrix} 4.67 \\ 8.232 \\ 0 \end{bmatrix}$$

2.2.2 齐次坐标变换

已知某个坐标系中的某点坐标，那么该点在另一坐标系中的坐标可通过齐次坐标变换求得[14]。

1. 齐次变换

式（2-13）对于点 $^{B}\boldsymbol{P}$ 而言是非齐次的，但是可以将其表示成等价的齐次变换形式，即：

$$\begin{bmatrix} ^{A}\boldsymbol{P} \\ 1 \end{bmatrix} = \begin{bmatrix} {}_{B}^{A}\boldsymbol{R} & {}^{A}\boldsymbol{P}_{B_o} \\ 0 & 1 \end{bmatrix} = \begin{bmatrix} ^{B}\boldsymbol{P} \\ 1 \end{bmatrix} \tag{2-16}$$

式中，4×1 的列向量表示三维空间的点，称为点的齐次坐标，仍然记为 $^{A}\boldsymbol{P}$ 或 $^{B}\boldsymbol{P}$。可把式（2-16）写成矩阵形式，即：

$$^{A}\boldsymbol{P} = {}_{B}^{A}\boldsymbol{T}{}^{B}\boldsymbol{P} \tag{2-17}$$

式中，齐次坐标 $^{A}\boldsymbol{P}$ 和 $^{B}\boldsymbol{P}$ 是 4×1 的列向量，与式（2-13）中的维数不同，加入了第 4 个元素 1。齐次变换矩阵 $_{B}^{A}\boldsymbol{T}$ 是 4×4 的方阵，即：

$$_{B}^{A}\boldsymbol{T} = \begin{bmatrix} {}_{B}^{A}\boldsymbol{R} & {}^{A}\boldsymbol{P}_{B_o} \\ 0 & 1 \end{bmatrix} \tag{2-18}$$

$_{B}^{A}\boldsymbol{T}$ 同时表示了平移变换和旋转变换。式（2-16）和式（2-13）是等价的，实质上，可以将式（2-16）写成：

$$^{A}\boldsymbol{P} = {}_{B}^{A}\boldsymbol{R}{}^{B}\boldsymbol{P} + {}^{A}\boldsymbol{P}_{B_o} : 1 = 1$$

位置向量 $^{A}\boldsymbol{P}$ 和 $^{B}\boldsymbol{P}$ 到底是 3×1 的直角坐标，还是 4×1 的齐次坐标，要根据

上下文关系而定。

例 2.2 试用齐次变换方法求解例 2.1 中的 $^A\boldsymbol{P}$。

由例 2.1 求得的旋转矩阵 $^A_B\boldsymbol{R}$ 和位置向量 $^A\boldsymbol{P}_{B_o}$，可以得到齐次变换矩阵，即：

$$^A_B\boldsymbol{T} = \begin{bmatrix} ^A_B\boldsymbol{R} & ^A\boldsymbol{P}_{B_o} \\ \boldsymbol{0} & 1 \end{bmatrix} = \begin{bmatrix} 0.5 & -0.866 & 0 & 8 \\ 0.866 & 0.5 & 0 & 4 \\ 0 & 0 & 1 & 0 \\ 0 & 0 & 0 & 1 \end{bmatrix}$$

代入式（2-17）可得：

$$^A\boldsymbol{P} = \begin{bmatrix} 0.5 & -0.866 & 0 & 8 \\ 0.866 & 0.5 & 0 & 4 \\ 0 & 0 & 1 & 0 \\ 0 & 0 & 0 & 1 \end{bmatrix} \begin{bmatrix} 2 \\ 5 \\ 0 \\ 1 \end{bmatrix} = \begin{bmatrix} 4.67 \\ 8.232 \\ 0 \\ 1 \end{bmatrix}$$

即用齐次坐标表示的点 p 的位置向量。

至此，我们可得空间某点 p 的直角坐标表示和齐次坐标表示，分别为：

$$\boldsymbol{P} = \begin{bmatrix} x \\ y \\ z \end{bmatrix}$$

$$\boldsymbol{P} = \begin{bmatrix} x \\ y \\ z \\ 1 \end{bmatrix} = \begin{bmatrix} \omega x \\ \omega y \\ \omega z \\ \omega \end{bmatrix}$$

式中，ω 为非零常数，是一个坐标比例系数。

坐标系原点的向量，即原点向量，可表示为 $[0,0,0,1]^T$。向量 $[0,0,0,1]^T$ 是没有意义的[15]。具有形如 $[a,b,c,0]^T$ 的向量表示无限远向量，用来表示方向，即用 $[1,0,0,0]^T$、$[0,1,0,0]^T$、$[0,0,1,0]^T$ 分别表示 x、y 和 z 轴的方向。

我们规定两向量 $\boldsymbol{a}$ 和 $\boldsymbol{b}$ 的点乘

$$\boldsymbol{a} \cdot \boldsymbol{b} = a_x b_x + a_y b_y + a_z b_z \tag{2-19}$$

为一标量，而两向量的叉乘（向量乘）为与此两相乘向量所决定的平面垂直的向量，即：

$$a \times b = (a_y b_z - a_z b_y)\boldsymbol{i} + (a_z b_x - a_x b_z)\boldsymbol{j} + (a_x b_y - a_y b_x)\boldsymbol{k} \qquad (2\text{-}20)$$

或者用面的行列式表示：

$$\boldsymbol{a} \times \boldsymbol{b} = \begin{vmatrix} \boldsymbol{i} & \boldsymbol{j} & \boldsymbol{k} \\ a_x & a_y & a_z \\ b_x & b_y & b_z \end{vmatrix} \qquad (2\text{-}21)$$

2. 平移齐次坐标变换

空间某点可由向量 $a\boldsymbol{i}+b\boldsymbol{j}+c\boldsymbol{k}$ 表示，其中，$\boldsymbol{i}$、$\boldsymbol{j}$、$\boldsymbol{k}$ 为 x、y、z 轴上的单位向量，该点可用平移齐次坐标变换表示为：

$$\text{Trans}(a,b,c) = \begin{bmatrix} 1 & 0 & 0 & a \\ 0 & 1 & 0 & b \\ 0 & 0 & 1 & c \\ 0 & 0 & 0 & 1 \end{bmatrix} \qquad (2\text{-}22)$$

式中，Trans 表示平移齐式坐标变换。

对已知向量 $\boldsymbol{u}=[x,y,z,\omega]^{\text{T}}$ 进行平移齐次坐标变换所得的向量 $\boldsymbol{v}$ 为：

$$\boldsymbol{v} = \begin{bmatrix} 1 & 0 & 0 & a \\ 0 & 1 & 0 & b \\ 0 & 0 & 1 & c \\ 0 & 0 & 0 & 1 \end{bmatrix} \begin{bmatrix} x \\ y \\ z \\ \omega \end{bmatrix} = \begin{bmatrix} x+a\omega \\ y+b\omega \\ z+c\omega \\ \omega \end{bmatrix} = \begin{bmatrix} x/\omega+a \\ y/\omega+b \\ z/\omega+c \\ 1 \end{bmatrix} \qquad (2\text{-}23)$$

可把此变换看成向量 $(x/\omega)\boldsymbol{i}+(y/\omega)\boldsymbol{j}+(z/\omega)\boldsymbol{k}$ 与向量 $a\boldsymbol{i}+b\boldsymbol{j}+c\boldsymbol{k}$ 之和。

用非零常数乘以变换矩阵的每个元素，不改变该变换矩阵的特性。

例 2.3 考虑向量 $1\boldsymbol{i}+2\boldsymbol{j}+3\boldsymbol{k}$ 被向量 $2\boldsymbol{i}-4\boldsymbol{j}+6\boldsymbol{k}$ 平移齐次坐标变换得到的新的点向量：

$$\begin{bmatrix} 1 & 0 & 0 & 2 \\ 0 & 1 & 0 & -4 \\ 0 & 0 & 1 & 6 \\ 0 & 0 & 0 & 1 \end{bmatrix} \begin{bmatrix} 1 \\ 2 \\ 3 \\ 1 \end{bmatrix} = \begin{bmatrix} 3 \\ -2 \\ 9 \\ 1 \end{bmatrix}$$

如果用 2 乘以此变换矩阵，用 -5 乘以被平移齐次坐标变换的向量，则得：

$$\begin{bmatrix} 2 & 0 & 0 & 4 \\ 0 & 2 & 0 & -8 \\ 0 & 0 & 2 & 12 \\ 0 & 0 & 0 & 2 \end{bmatrix} \begin{bmatrix} -5 \\ -10 \\ -15 \\ -5 \end{bmatrix} = \begin{bmatrix} -30 \\ 20 \\ -90 \\ -10 \end{bmatrix}$$

它与向量 [3, -2, 9, 1]^{T}相对应，与乘以常数前的点向量一样。

3. 旋转齐次坐标变换

绕 x、y 或 z 轴分别进行角度为 θ 的旋转齐次坐标变换，可得：

$$\mathrm{Rot}(x,\theta) = \begin{bmatrix} 1 & 0 & 0 & 0 \\ 0 & \cos\theta & -\sin\theta & 0 \\ 0 & \sin\theta & \cos\theta & 0 \\ 0 & 0 & 0 & 1 \end{bmatrix} \quad (2\text{-}24)$$

$$\mathrm{Rot}(y,\theta) = \begin{bmatrix} \cos\theta & 0 & \sin\theta & 0 \\ 0 & 1 & 0 & 0 \\ -\sin\theta & 0 & \cos\theta & 0 \\ 0 & 0 & 0 & 1 \end{bmatrix} \quad (2\text{-}25)$$

$$\mathrm{Rot}(z,\theta) = \begin{bmatrix} \cos\theta & -\sin\theta & 0 & 0 \\ \sin\theta & \cos\theta & 0 & 0 \\ 0 & 0 & 1 & 0 \\ 0 & 0 & 0 & 1 \end{bmatrix} \quad (2\text{-}26)$$

式中，Rot 表示旋转齐次坐标变换。下面我们举例说明这种变换。

例 2.4 已知点 $u = 6i + 4j + 2k$，将它绕 z 轴旋转 $90°$ 后可得：

$$v = \begin{bmatrix} 0 & -1 & 0 & 0 \\ 1 & 0 & 0 & 0 \\ 0 & 0 & 1 & 0 \\ 0 & 0 & 0 & 1 \end{bmatrix} \begin{bmatrix} 6 \\ 4 \\ 2 \\ 1 \end{bmatrix} = \begin{bmatrix} -4 \\ 6 \\ 2 \\ 1 \end{bmatrix}$$

图 2-6（a）所示为旋转齐次坐标变换前、后点向量在坐标系中的位置。点向量 u 绕 z 轴旋转 $90°$ 可得点向量 v。点向量 v 绕 y 轴旋转 $90°$ 可得点向量 w，绕 y 轴旋转的变换也可以从图 2-6（a）看出，并可由式（2-25）求出。

$$w = \begin{bmatrix} 0 & 0 & 1 & 0 \\ 0 & 1 & 0 & 0 \\ -1 & 0 & 0 & 0 \\ 0 & 0 & 0 & 1 \end{bmatrix} \begin{bmatrix} -4 \\ 6 \\ 2 \\ 1 \end{bmatrix} = \begin{bmatrix} 2 \\ 6 \\ 4 \\ 1 \end{bmatrix}$$

如果把上述两个旋转变换 $v = \mathrm{Rot}(z,90°)u$ 与 $w = \mathrm{Rot}(y,90°)v$ 组合在一起，则可得到式（2-27）。

$$w = \mathrm{Rot}(y,90°)\mathrm{Rot}(z,90°)u \quad (2\text{-}27)$$

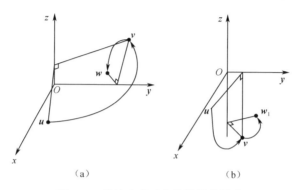

图 2-6 旋转次序对变换结果的影响

因为

$$\text{Rot}(y,90°)\text{Rot}(z,90°) = \begin{bmatrix} 0 & 0 & 1 & 0 \\ 1 & 0 & 0 & 0 \\ 0 & 1 & 0 & 0 \\ 0 & 0 & 0 & 1 \end{bmatrix} \quad (2-28)$$

所以可得：

$$w = \begin{bmatrix} 0 & 0 & 1 & 0 \\ 1 & 0 & 0 & 0 \\ 0 & 1 & 0 & 0 \\ 0 & 0 & 0 & 1 \end{bmatrix} \begin{bmatrix} 6 \\ 4 \\ 2 \\ 1 \end{bmatrix} = \begin{bmatrix} 2 \\ 6 \\ 4 \\ 1 \end{bmatrix}$$

所得结果与前面一样。

如果改变旋转次序，首先使 u 绕 y 轴旋转 90°，那么就会使 u 变换至与 w 不同的位置 w_1，如图 2-6（b）所示。从计算中也可得出 $w_1 \neq w$ 的结果，这个结果是必然的，因为矩阵乘法不具有交换性质，即 $AB \neq BA$。变换矩阵的左乘和右乘的运动解释是不同的：变换顺序"从右向左"，表示运动是相对固定坐标系而言的；变换顺序"从左向右"，表示运动是相对运动坐标系而言的。

2.3 通用旋转变换

我们已经在前面研究了绕 x、y 和 z 轴旋转的旋转坐标变换。下面来研究最一般的情况，即研究某个绕着从原点出发的任一向量（轴）旋转角度 θ 时的旋转坐标变换。

2.3.1 通用旋转变换公式

设 f 为坐标系 $\{C\}$ 的 z 轴上的单位向量，即：

$$C = \begin{bmatrix} n_x & o_x & a_x & 0 \\ n_y & o_y & a_y & 0 \\ n_z & o_z & a_z & 0 \\ 0 & 0 & 0 & 1 \end{bmatrix} \tag{2-29}$$

$$f = a_x \boldsymbol{i} + a_y \boldsymbol{j} + a_z \boldsymbol{k} \tag{2-30}$$

绕向量 f 旋转等价于绕坐标系 $\{C\}$ 的 z 轴旋转，即：

$$\mathrm{Rot}(f, \theta) = \mathrm{Rot}(C_z, \theta) \tag{2-31}$$

如果已知以参考坐标系表示的坐标系 $\{T\}$，那么能够求得以坐标系 $\{C\}$ 表示的另一坐标系 $\{S\}$，因为

$$T = CS \tag{2-32}$$

式中，S 表示坐标系 $\{T\}$ 相对于坐标系 $\{C\}$ 的位置。对 S 求解得：

$$S = C^{-1} T \tag{2-33}$$

T 绕 f 旋转等价于 S 绕坐标系 $\{C\}$ 的 z 轴旋转，即：

$$\mathrm{Rot}(f, \theta) T = C \mathrm{Rot}(z, \theta) S$$

$$\mathrm{Rot}(f, \theta) T = C \mathrm{Rot}(z, \theta) C^{-1} T$$

于是可得：

$$\mathrm{Rot}(f, \theta) = C \mathrm{Rot}(z, \theta) C^{-1} \tag{2-34}$$

因为 f 为坐标系 $\{C\}$ 的 z 轴上的单位向量，所以对式（2-34）加以扩展可以发现，$\mathrm{Rot}(z, \theta) C^{-1}$ 仅仅是 f 的函数，因为

$$C \mathrm{Rot}(z, \theta) C^{-1} = \begin{bmatrix} n_x & o_x & a_x & 0 \\ n_y & o_y & a_y & 0 \\ n_z & o_z & a_z & 0 \\ 0 & 0 & 0 & 1 \end{bmatrix} \begin{bmatrix} \cos\theta & -\sin\theta & 0 & 0 \\ \sin\theta & \cos\theta & 0 & 0 \\ 0 & 0 & 1 & 0 \\ 0 & 0 & 0 & 1 \end{bmatrix} \begin{bmatrix} n_x & n_y & n_z & 0 \\ o_x & o_y & o_z & 0 \\ a_x & a_y & a_z & 0 \\ 0 & 0 & 0 & 1 \end{bmatrix}$$

$$= \begin{bmatrix} n_x & o_x & a_x & 0 \\ n_y & o_y & a_y & 0 \\ n_z & o_z & a_z & 0 \\ 0 & 0 & 0 & 1 \end{bmatrix} \begin{bmatrix} n_x\cos\theta - o_x\sin\theta & n_y\cos\theta - o_y\sin\theta & n_z\cos\theta - o_z\sin\theta & 0 \\ n_x\sin\theta + o_x\cos\theta & n_y\sin\theta + o_y\cos\theta & n_z\sin\theta + o_z\cos\theta & 0 \\ a_x & a_y & a_z & 0 \\ 0 & 0 & 0 & 1 \end{bmatrix}$$

$$= \begin{bmatrix} n_xn_x\cos\theta-n_xo_x\sin\theta+n_xo_x\sin\theta+o_xo_x\cos\theta+a_xa_x \\ n_yn_x\cos\theta-n_yo_x\sin\theta+n_xo_y\sin\theta+o_yo_x\cos\theta+a_ya_x \\ n_zn_x\cos\theta-n_zo_x\sin\theta+n_xo_z\sin\theta+o_zo_x\cos\theta+a_za_x \\ 0 \end{bmatrix.$$

$$n_xn_y\cos\theta-n_xo_y\sin\theta+n_yo_x\sin\theta+o_xo_y\cos\theta+a_xa_y$$
$$n_yn_y\cos\theta-n_yo_y\sin\theta+n_yo_y\sin\theta+o_yo_y\cos\theta+a_ya_y$$
$$n_zn_y\cos\theta-n_zo_y\sin\theta+n_yo_z\sin\theta+o_zo_y\cos\theta+a_za_y$$
$$0$$

$$\left.\begin{matrix} n_xn_z\cos\theta-n_xo_z\sin\theta+n_zo_x\sin\theta+o_zo_x\cos\theta+a_xa_z & 0 \\ n_yn_z\cos\theta-n_yo_z\sin\theta+n_zo_y\sin\theta+o_zo_y\cos\theta+a_ya_z & 0 \\ n_zn_z\cos\theta-n_zo_z\sin\theta+n_zo_z\sin\theta+o_zo_z\cos\theta+a_za_z & 0 \\ 0 & 1 \end{matrix}\right]$$

(2-35)

根据正交向量点乘、向量自乘、单位向量和相似矩阵特征值等性质，并令 $\mathrm{versin}\theta=1-\cos\theta$，$f_x=a_x$，$f_y=a_y$，$f_z=a_z$，$\boldsymbol{f}=f_x\boldsymbol{i}+f_y\boldsymbol{j}+f_z\boldsymbol{k}$，对式（2-35）进行化简，可得：

$$\mathrm{Rot}(\boldsymbol{f},\theta) = \begin{bmatrix} f_xf_x\mathrm{versin}\theta+\cos\theta & f_yf_x\mathrm{versin}\theta-f_z\cos\theta & f_zf_x\mathrm{versin}\theta+f_y\sin\theta & 0 \\ f_xf_y\mathrm{versin}\theta+f_z\sin\theta & f_yf_y\mathrm{versin}\theta+\cos\theta & f_zf_y\mathrm{versin}\theta-f_x\sin\theta & 0 \\ f_xf_z\mathrm{versin}\theta-f_y\sin\theta & f_yf_z\mathrm{versin}\theta+f_x\sin\theta & f_zf_z\mathrm{versin}\theta+\cos\theta & 0 \\ 0 & 0 & 0 & 1 \end{bmatrix}$$

(2-36)

这是一个重要的结果。从上述通用旋转变换公式能够求得各个基本旋转变换。例如，当 $f_x=1$、$f_y=0$ 和 $f_z=0$ 时，$\mathrm{Rot}(\boldsymbol{f},\theta)=\mathrm{Rot}(x,\theta)$。若把这些数值代入式（2-36），可得：

$$\mathrm{Rot}(x,\theta) = \begin{bmatrix} 1 & 0 & 0 & 0 \\ 0 & \cos\theta & -\sin\theta & 0 \\ 0 & \sin\theta & \cos\theta & 0 \\ 0 & 0 & 0 & 1 \end{bmatrix}$$

这与式（2-24）一致。

2.3.2 等效转角与转轴

对于任一旋转变换,均能够由式(2-36)求得进行等效转角的转轴。已知旋转变换:

$$R = \begin{bmatrix} n_x & o_x & a_x & 0 \\ n_y & o_y & a_y & 0 \\ n_z & o_z & a_z & 0 \\ 0 & 0 & 0 & 1 \end{bmatrix} \tag{2-37}$$

令 $R = \text{Rot}(f, \theta)$,即:

$$R = \begin{bmatrix} f_x f_x \text{versin}\theta + \cos\theta & f_y f_x \text{versin}\theta - f_z \cos\theta & f_z f_x \text{versin}\theta + f_y \sin\theta & 0 \\ f_x f_y \text{versin}\theta + f_z \sin\theta & f_y f_y \text{versin}\theta + \cos\theta & f_z f_y \text{versin}\theta - f_x \sin\theta & 0 \\ f_x f_z \text{versin}\theta - f_y \sin\theta & f_y f_z \text{versin}\theta + f_x \sin\theta & f_z f_z \text{versin}\theta + \cos\theta & 0 \\ 0 & 0 & 0 & 1 \end{bmatrix} \tag{2-38}$$

把式(2-37)右边除元素 1 以外的对角线项分别相加并进行化简,可得:

$$n_x + o_y + a_z = (f_x^2 + f_y^2 + f_z^2)\text{versin}\theta + 3\cos\theta = 1 + 2\cos\theta$$

以及

$$\cos\theta = \frac{1}{2}(n_x + o_y + a_z - 1) \tag{2-39}$$

把式(2-37)中的非对角线项成对相减,可得:

$$\begin{aligned} o_z - a_y &= 2f_x \sin\theta \\ a_x - n_z &= 2f_y \sin\theta \\ n_y - o_x &= 2f_z \sin\theta \end{aligned} \tag{2-40}$$

将式(2-40)各行平方相加后,可得:

$$(o_z - a_y)^2 + (a_x - n_z)^2 + (n_y - o_x)^2 = 4\sin^2\theta$$

以及

$$\sin\theta = \pm\frac{1}{2}\sqrt{(o_z - a_y)^2 + (a_x - n_z)^2 + (n_y - o_x)^2} \tag{2-41}$$

把旋转规定为绕向量 f 的正向旋转,使得 $0 \leq \theta \leq 180°$[16]。这时,式(2-41)中的符号取正号。于是,角度 θ 被唯一地确定为:

$$\tan\theta = \frac{\sqrt{(o_z - a_y)^2 + (a_x - n_z)^2 + (n_y - o_x)^2}}{n_x + o_y + a_z - 1} \tag{2-42}$$

向量 f 的各分量可由式（2-40）求得，即：

$$f_x = (o_x - a_y)/2\sin\theta$$
$$f_y = (a_x - n_z)/2\sin\theta \qquad (2\text{-}43)$$
$$f_z = (n_y - o_x)/2\sin\theta$$

第 3 章 智能机器人体系结构

智能机器人的体系结构是指一个智能机器人系统中智能、行为、信息和控制的时空分布模式。智能机器人系统通常是一个集环境感知、动态决策规划、行为控制与执行等多项功能于一体的综合动态系统，其体系结构描述了一个或多个智能机器人为了完成特定的任务，在信息收集与处理、逻辑与行为控制等方面的结构模式，是从体系层面对智能机器人系统结构进行的表述。体系结构是智能机器人系统的整体框架和逻辑载体，针对不同的应用场景选择并确定合适的体系结构是智能机器人研究中最为基础且至关重要的一个环节。

智能机器人常见的三种体系结构分别是慎思式体系结构、反应式体系结构和混合式体系结构。针对一些特殊场景和特殊应用，新型的体系结构也正在被不断提出，其中，自组织体系结构、分布式体系结构和社会机器人体系结构等是较为典型的代表。

3.1 慎思式体系结构

慎思式体系结构的主要思想是分层递阶，将一个完整的智能机器人系统按照不同的功能或目标从上到下划分成多个层级。其中人工智能分布在系统顶层，结合规划策略对环境数据进行分析，生成决策信息并向下传递，最终间接地控制机器人的行为。

分层递阶结构是在 1979 年由乔治·萨里迪斯（George N. Saridis）首次提出的，其分层的原则是：随着控制精度的增加而减少智能能力[17]。乔治·萨里迪斯根据这一原则，从上到下地将智能控制系统分为三级，即组织级、协调级和控制级（执行级），层级越高越能体现智能性。分层递阶结构如图 3-1 所示，上层指挥的指令传递给组织级，经过组织级和协调级的处理后，最终通过控制底层的执行机构来实现指令。

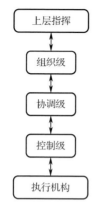

图 3-1 分层递阶结构

分层递阶结构是目标驱动的慎思式体系结构，其核心在于基于符号的规划，该思想源于赫伯特·西蒙（Herbert Simon）和艾伦·纽厄尔（Allen Newell）提出的物理符号系统假说。分层递阶结构的两个典型代表是 SPA（Sense-Plan-Act）[18] 和 NASREM[19]。SPA 应用于第一个具有规划功能的移动机器人 Shakey，该机器人控制系统被划分为感知（Sense）、规划（Plan）和执行（Act）三个线性串联的模块，感知模块从传感器收集数据并进行处理和世界建模，规划模块根据感知模块得出的世界模型、任务目标和规划策略进行规划，执行模块负责执行规划模块的规划结果，数据从感知模块到规划模块再到执行模块单向流动。NASREM 是美国航天航空局（NASA）和美国国家标准局（NBS）提出的参考模型，其系统结构如图 3-2 所示。

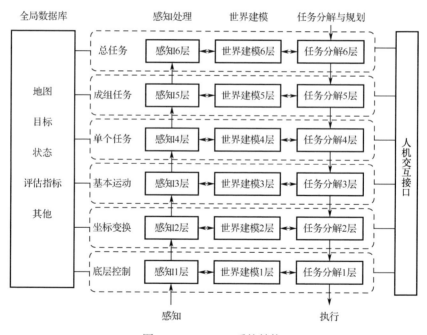

图 3-2 NASREM 系统结构

NASREM 的主要功能可以划分为感知处理、世界建模，以及任务分解与规划三个模块。任务分解与规划模块负责总任务的分解与实时路径的规划；感知处理模块负责在时间和空间层面上进行过滤、关联、检测和整合感知到的数据，以便识别和评估模型、特征、对象、事件，以及它们在外部世界中的关系；世界建模模块基于全局数据库中存储的数据进行查询操作，执行预测和计算评估函数（三个模块共享全局数据库）。按照层级来划分，NASREM 系统结构可以分为底层控制、坐标变换、基本运动、单个任务、成组任务和总任务，还为每层的功能提供了相应的人机交互接口。NASREM 是一个非常典型的按照功能划分模块与层级的分层递阶结构的系统。

3.2 反应式体系结构

反应式体系结构也称为基于行为或基于场景的体系结构，由罗德尼·布鲁克斯（Rodney Brooks）于 1986 年提出[20]。罗德尼·布鲁克斯认为用于完全自主移动机器人的控制系统必须实时执行许多复杂的信息处理任务，而多变的外部环境更增加了这一任务的难度，但外部环境的复杂性反映的并非机器人内部结构的复杂性。对比传统的慎思式体系结构，罗德尼·布鲁克斯提出了包容结构，这是一种典型的反应式体系结构，机器人控制系统内部的各模块各司其职，对于机器人当前所处的外部环境，各模块都能根据其自身的特性做出与之对应的处理。包容结构如图 3-3 所示，机器人控制系统从外部环境获取必要的信息，内部各模块做出有利于实现本模块目标的决策，最终交由底层控制实现。

反应式体系结构同样将系统按照功能进行了划分，但与分层递阶结构不同的是，反应式体系结构的各模块之间没有明确的上下级关系，所有的模块都连接在一起，形成了机器人控制系统。这种新的分解模式形成了与慎思式体系结构大不相同的机器人控制系统结构，在硬件级别上具有完全不同的实现策略，并且在鲁棒性、可构建性和可测试性等方面都具有更大的优势。

在包容结构中，每个模块的控制构件可以直接基于传感器的输入进行决策，在其内部不用构建世界模型，其优势是可以在完全陌生、未知的环境中进行操作。罗德尼·布鲁克斯创立了 iRobot&Reg 公司，使用包容结构生产了多种反应式机器人，并在实验中证实了基于反应式体系结构的机器人具有很强的智能行为，在动态的复杂环境中能够迅速做出准确的决策并精准地执行。

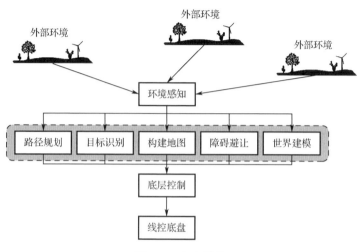

图 3-3　包容结构

反应式体系结构是根据机器人的行为而不是功能来分解并解决移动机器人的控制问题的，它提供了一种逐步构建和测试机器人控制系统的方法。在反应式体系结构中，机器人不需要中央控制模块，控制系统可以被认为是一个智能体系统，每个智能体都以实现本模块的目标为首要任务，模块间的通信量极小，可扩展性好。各模块之间的信息流动非常简单，系统的反应性能非常好，其灵活的反应行为体现了一定的智能特性。各模块独立处理多传感器信息，各取所需，增加了不同层面问题的处理精度，提高了系统的鲁棒性，同时起到了稳定系统整体性能的作用。

反应式体系结构过分强调模块的独立性，在提升反应速度的同时缺少全局的指导和系统整体的协调，虽在局部行为方面显示出很高的反应能力和鲁棒性，但不适用于解决长期的全局性问题，系统的全局性与目标性较差，同时基于反应和场景的处理方式也限制了经验与启发性知识的应用。

3.3　混合式体系结构

慎思式体系结构缺乏对陌生复杂环境的快速反应能力，而单一的包容结构则不具备必要的推理性思考和学习能力，两者优势互补，形成了一种混合式的解决方案——三层结构，即混合式体系结构。三层结构由反应控制层、慎思规划层，以及连接二者的序列层组成，如图 3-4 所示。

第 3 章 智能机器人体系结构

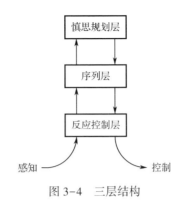

图 3-4 三层结构

三层结构是分层递阶结构和包容结构相融合的混合式体系结构,它以一种能够充分利用各结构优势的方法组合而成,各层之间的接口是实现协同功能的关键[21]。在高层的规划方面,为了在全局层面保证决策的合理性,使用了慎思式体系结构,使机器人控制系统能够依据当前的信息进行推理并做出相应的判断;在低层的控制方面,为了保证机器人反应的灵活性,采取了包容结构,对于一些局部情况的处理能够更加快速地执行规定的动作。三层结构从时间层面上对环境信息做了不同的处理,将环境划分为现在、过去和将来三种状态。反应控制层负责处理环境的现在状态,根据环境变化实时地采取对应的措施;序列层负责保存环境的过去状态,维护环境信息的完整性;慎思规划层负责根据序列层和反应控制层的环境信息对环境的将来状态做预测,能够提前预知危险或者为机器人接下来的行为提供可靠的参考。

除了三层结构,美国国家标准与技术研究院(NIST)提出的面向地面无人驾驶车辆系统的 4D/RCS(Real-time Control Systems)模型也采用了慎思式与反应式混合的体系结构。RCS 的第一个版本是针对实验室机器人的交互式感官目标导向控制器而开发的,经过多年的发展,RCS 已经成为工业机器人、机床、智能制造系统、自动化通用邮件设施、自动化采矿设备、无人水下航行器和地面无人驾驶车辆的智能控制器。4D/RCS 在 RCS 中嵌入了四维机器视觉元素,是 RCS 在地面无人驾驶车辆方面的典型应用。

4D/RCS 模型是由计算节点组成的,计算节点的结构如图 3-5 所示,每个计算节点都包含了感知处理、环境建模、价值判断、行为生成和知识库。行为生成主要负责分解任务与目标,并依据当前的信息做出合理的行为规划;感知处理从现实环境获取感兴趣的数据,计算实体目标的属性,估计实体状态并将实体信息分配到对应的每个级别；环境建模以图像、地图、实体、事件之间关系的形式维护着丰富且动态更新的知识库，并使用该知识库生成支持每个级别的感知、推理和规划的估计及预测；价值判断为实体和事件分配价值和重要性，计算知识库中变量的置信度，并评估规划的预期结果；最终由行为生成产生规划控制结果并交由底层驱动设备执行。

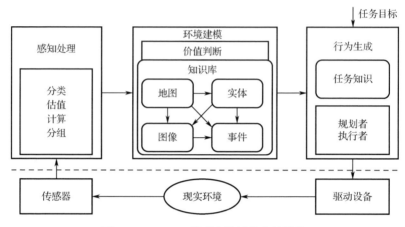

图 3-5　4D/RCS 模型中计算节点的结构

对于突发的、需要做出快速反应的情况，一般在低层实现，称为反应式行为；而对于需要长时间规划的、对环境进行复杂逻辑判断的情况，一般在高层实现，称为慎思式行为，总体上形成了一个慎思-反应混合模型，如图 3-6 所示。慎思-反应混合模型是由慎思式行为与反应式行为混合而成的行为模型，该模型对事件进行收集与处理，然后根据具体情况对事件的紧急程度进行优先级划分，对于威胁到系统整体安全的情况进行优先快速处理，而对于需要一定策略性的规划则进行更加精细的处理。

通过分级的处理结构，这些过程之间的交互能够产生感知、认知、反射、推理等智能行为。低层（高优先级）的反应式行为需要处理的数据范围小且精度较高，高层（低优先级）的慎思式行为需要处理的数据范围大且精度较低，因此，高精度与要求快速反应的行为在低层实现，而需要全局观念和逻辑推理的行为在高层实现。这样可以实现低层的高精度快速响应，同时高层能够制订长期计划和抽象概念。分层的结构还有助于管理计算复杂性。应用 4D/RCS 模型的地面无人驾驶车辆的控制系统结构如图 3-7 所示。

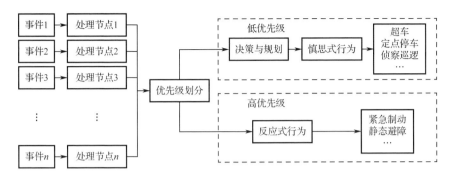

图 3-6 慎思-反应混合模型

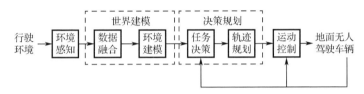

图 3-7 应用 4D/RCS 模型的地面无人驾驶车辆的控制系统结构

在地面无人驾驶车辆控制系统中，4D/RCS 模型的应用主要根据任务场景、规划目标、规划策略的不同来对不同的层次模块进行细化处理。对于城市结构化道路，路面规范整齐且路况良好，地面无人驾驶车辆主要关注的是周遭环境中的车辆与行人，根据当前环境中动态障碍物的分布以及对动态障碍物轨迹的预测来生成合理的规划方案，对慎思式行为的要求较高；而对于野外非结构化道路，地面无人驾驶车辆则主要关注路面情况，对于未知的复杂环境需要提高警惕，要在出现意外情况时能够及时做出反应，对反应式行为的要求较高。

4D/RCS 模型对慎思式行为和反应式行为进行了较为合理的混合，使地面无人驾驶车辆控制系统能够兼顾两种侧重点不同的行为。但 4D/RCS 模型对于慎思式行为和反应式行为的界定不够清晰，在特定的场景下对两者的权衡没有统一、公认的标准。

3.4 新型体系结构

近年来，随着计算机硬件的不断升级和人工智能领域研究的不断深入，行为学、进化计算、智能体等理论和思想也被引入智能机器人的研究中，给智能机器人体系结构的发展带来了巨大的影响。对于多变的、有针对性的应用场景，仅依靠基于认知和行为的结构模式将智能机器人体系结构分为慎思式、反应式和混合式三大类，已远远不能满足根据体系结构特点准确分类的需求。20世纪90年代以来的智能机器人体系结构几乎都采用混合式体系结构。下面对三种具有代表性的新型体系结构进行简要的介绍。

3.4.1 自组织体系结构

1997年，朱利奥·罗森勃拉特（Julio K. Rosenblatt）提出了一种具有很强自组织能力的机器人控制系统结构——DAMN（Distributed Architecture for Mobile Navigation）[22]，他认为，在非结构化、未知且动态变化的环境中，规划系统在面对这种不确定性时无法合理地执行先验计划，也无法预测出所有可能出现的意外情况，因此，决策必须始终以当前的信息和状态为基础，以数据驱动的方式进行，而不是试图以自上而下的方式强加不可实现的计划。

DAMN是由一组分布式功能模块和一个集中式指令仲裁器构成的，分布式功能模块基于各自的领域知识产生慎思式行为或反应式行为，发送投票给集中式指令仲裁器来支持其认为满足目标的操作，然后集中式指令仲裁器负责根据投票产生反映其目标和优先级的行为，并将相应的控制指令发送给行为控制器。DAMN示意图如图3-8所示，其中，避障、道路跟随、目标搜寻、平衡保持和方向保持等分布式功能模块向集中式指令仲裁器发送投票，这些投票被整合并以控制指令的形式发送给行为控制器。每个分布式功能模块的投票具有相应的权重，反映了在当前任务下该模块的优先级。同时，在执行任务的过程中，模式管理器还可以基于当前情况和先验知识为相关性高的模块赋予更高的权重，因此，在不同的任务、环境状态下，各个分布式功能模块可以表现出不同的输入-输出关系。DAMN使用分布投票、集中仲裁的结构形式，能够很好地应对未知的复杂动态环境，表现出了很强的自组织能力。

自组织体系结构的分布式和异步特性允许同时实现多个目标且满足约束，既能提供面向目标的行为又能够不牺牲实时响应的能力。与其他基于行为的体系结构不同，DAMN的设计使得各个分布式功能模块之间能够进行协商，允许在决策制定的过程中使用多级规划而无须将系统分层。同时，DAMN还提供了一个框架，用于开发和集成与集中式指令仲裁器通信的独立模块，从而促进其发展并且能够逐步创建功能越来越强大的自组织体系结构。

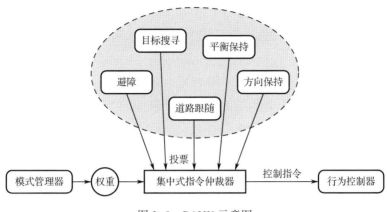

图 3-8　DAMN 示意图

3.4.2　分布式体系结构

1998 年，毛里齐奥·比亚乔（Maurizio Piaggio）提出了一种称为 HEIR（Hybrid Experts in Intelligent Robots）[23]的非层次分布式体系结构。毛里齐奥·比亚乔认同将慎思式体系结构与反应式体系结构结合的方式，但他认为两种体系结构之间存在着巨大的差异，不应该将它们直接整合，因此提出了一种基于图像表示级别的分布式体系结构，该体系结构具有象征性、审议性和反应性等特征。HEIR 示意图如图 3-9 所示。在 HEIR 中，分布在不同位置的模块处于不同的外部环境中，但它们能够根据自身的特性解决对应的问题，并在系统内部相互协调，最终达到总体目标。

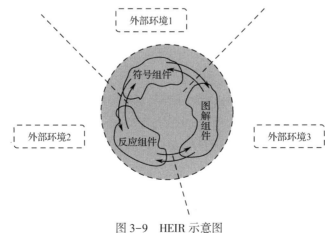

图 3-9　HEIR 示意图

HEIR是一种主要基于专家单元的分布式体系结构，该专家单元是一个执行特定认知活动、定期响应外部事件或刺激的智能体（Agent），但并非所有的专家单元都以同样的方式运作。依据所处理的知识类型，HEIR可以分成三个部分：符号组件、图解组件和反应组件，每个组件都是由多个具有特定认知功能且能够并发执行的智能体构成的专家单元。各组件没有等级高低之分，都能够自主、并发地工作，相互之间通过信息交换进行协调配合。反应组件主要负责低层的感知和行为的生成；图解组件主要负责管理图解、图像表示级别以及部分反应行为的执行；符号组件则负责执行象征性推理的任务，如规划、选择和适应，如何解决当前问题等。在时间约束方面，反应组件要求达到严格的实时处理，能够立即响应外部刺激；图解组件和符号组件也需要实时操作，但对响应时间的要求比反应组件低。在处理的数据类型方面，反应组件主要处理数值数据；图解组件处理标志性的、类比的表征数据；符号组件则主要处理符号信息。

分布式体系结构的优点主要在于其结构的灵活性，各模块可根据自身的特性有针对性地生成不同的解决方案，以此来应对各种必须解决的问题。对于多任务场景，不同功能偏向的组件可以协同工作。分布式的属性有助于扩大机器人控制系统，以解决更复杂的问题。

3.4.3 社会机器人体系结构

社会机器人体系结构是由鲁尼（Rooney B）等人根据社会智能假说提出的，由物理层、反应层、慎思层和社会层构成的一种机器人控制系统结构[24]。该结构使用基于智能体的慎思模式，以至于在现实应用中不会丧失反应的灵活性，并使用智能体通信语言（Agent Communication Language，ACL）赋予智能机器人一定的社会交互能力。

社会机器人体系结构如图3-10所示，物理层包含必要的传感器、数据处理模块、运动控制器和驱动引擎，是机器人运动的基础；反应层则实现了一系列反射行为，为机器人在动态和不可预知的环境中运动提供了基本组件；慎思层提供了审议机制，审议机制是通过BDI（Belief-Desire-Intention）架构实现的；社会层采用智能体通信语言Teanga实现机器人的社会交互功能。BDI架构使机器人具有了智能，而Teanga则赋予了机器人社会交互能力。

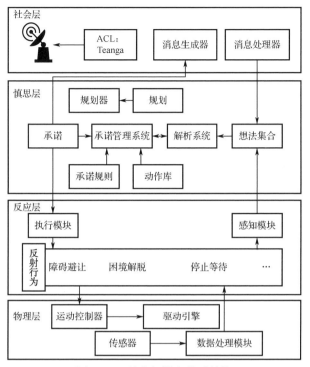

图 3-10 社会机器人体系结构

社会机器人体系结构提供了一种强大的机器人控制机制，通过丰富的可视化媒介使机器人的社会交互行为合理化。社会机器人体系结构提供的模块化控制机制，可以将物理层、反应层、慎思层和社会层集成到一起，从外部来看是一个完整的个体。社会机器人体系结构对多机器人场景具有很强的适应性，能够最大限度地模拟人类的智能，从而使机器人表现出社会行为，是智能机器人体系结构未来发展的主导方向之一。

3.5 机器人操作系统

机器人操作系统（Robot Operating System，ROS）是一种用于编写机器人软件的灵活框架，它由一系列工具、库和协议组成，目的是简化在不同的机器人平台上创建功能复杂的机器人的任务[25]。机器人对于环境和任务的理解并不像人类那么智能，对于机器人而言，一些微不足道的变化可能会给最终的处理结果带来决定性的改变，这给构建通用的机器人软件带来了很大的难度。

ROS 是开源的，支持联合的代码存储数据库，以便共享开发，用户在使用 ROS 时可以贡献出自己擅长的部分，也可以使用他人提供的功能来满足自己的需求，这使得不同的团队之间可以彼此协调合作，不仅可以满足各方的需求，也能使 ROS 的功能不断增强[26]。

ROS 的主要特点如下：

（1）点对点设计

使用 ROS 构建的系统由许多进程组成，这些进程可以运行在不同的主机上，在运行时以对等拓扑连接。虽然基于中央服务器的框架也可以实现多进程和多主机设计，但与点对点设计相比，中央服务器的框架不可避免地要承受更大的计算和通信压力，而 ROS 的点对点设计，以及服务和节点管理器等机制可以分散处理计算机视觉和路径规划等功能的实时计算压力，能够应对多机器人应用时遇到的挑战。

（2）支持多种编程语言

在编写代码时，基于编程时间、调试的难度、语法、运行时效率，以及技术等方面的权衡，不同的人对不同的编程语言有不同的偏好。为满足不同用户的编程习惯和工程需求，ROS 被设计成编程语言中立的框架结构，使用简单的、与编程语言无关的接口定义语言（Interface Definition Language，IDL）来描述模块之间发送的消息。ROS 支持多种编程语言，如 C++、Python、Octave 和 LISP。

（3）工具包丰富

为了方便管理复杂的软件框架，ROS 采用了微内核设计，使用大量的小工具来构建和运行各种 ROS 组件。这些小工具承担了各种各样的任务，如组织源代码的结构、获取和配置参数、描绘数据信息等，系统所有的服务，包括核心服务，都是在单独的模块中实现的。

（4）系统精简

ROS 中的所有的驱动程序和算法开发都是在不依赖于 ROS 本身的独立库中进行的，并且将创建库的功能交给 ROS 的小型可执行文件执行，能够更容易提取和重用代码。

（5）免费开源

ROS 所有的源代码都是开源的，这大大促进了 ROS 软件各层次的调试和错误的修正，也对机器人操作系统领域的研究做出了巨大的贡献。

第4章 智能机器人中的传感器

传感器技术是材料学、力学、电学、磁学、微电子学、光学、声学、化学、生物学、精密机械、仿生学、测量技术、半导体技术、计算机技术、信息处理技术,甚至系统科学、人工智能、自动化技术等众多学科相互交叉的综合性高新技术密集型前沿技术,广泛应用于航空航天、兵器、信息产业、机械、电力、能源、交通、冶金、石油、建筑、邮电、生物、医学、环保、材料、灾害预防、农林渔业、食品、烟酒制造、建筑、汽车、舰船、机器人、家电、公共安全等领域。

在智能机器人系统中,传感器是指那些起到内部反馈控制作用,或者感知并与外部环境进行交互的装置。为智能机器人装备什么样的传感器,对这些传感器有什么要求,这是设计智能机器人时要解决的重要问题。选择何种传感器应当取决于智能机器人的工作需要和应用特点。

根据检测对象的不同,智能机器人中常用的传感器可分为内部传感器和外部传感器,如图4-1所示。内部传感器是用于测量智能机器人自身状态的

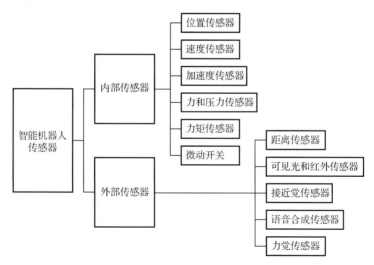

图4-1 智能机器人中常用传感器的分类

功能元件；外部传感器用于测量与智能机器人作业相关的外部因素，通常与智能机器人的目标识别、作业安全等因素有关。

4.1 内部传感器

内部传感器是指用来检测智能机器人的自身状态（如手臂间角度）的传感器，通常用于检测位置和角度，具体的检测对象包括关节的线位移、角位移等几何量，速度、角速度、加速度等运动量，倾斜角、方位角、振动等物理量。

内部传感器常用于控制系统中，通常作为反馈元件来检测智能机器人自身的状态参数，常用的有规定位置检测的内部传感器，位置、角度测量传感器、速度传感器等。

4.1.1 规定位置检测的内部传感器

在检测规定位置时，常用开、关两个状态值，这种方法常用于检测智能机器人的起点位置、终点位置或某个确定的位置，典型传感器有微动开关、光电开关等。

1. 微动开关

当规定的位移量或力作用在微动开关[①]的可动部分时，微动开关的电气触点会断开（常闭）或接通（常开）并向控制回路发出动作信号。例如，限位开关就是用于限定机械设备的运动极限位置的一种微动开关。微动开关有接触式和非接触式两种。

接触式微动开关比较直观。例如，在机械设备的运动部件上安装行程开关，在与其相对运动的固定点上安装极限位置的挡块，当行程开关的机械触头碰上挡块时，会切断（或改变）控制电路，机械设备就会停止运行或改变运行。由于机械设备的惯性运动，这种行程开关有一定的"超行程"，以保护行程开关不受损坏。

常见的接触式微动开关如图4-2所示。

[①] 本章介绍的微动开关、光电开关、电位器、编码器、光电二极管、光电转换器、激光雷达、毫米波雷达、深度摄像机等器件，在智能机器人中均有相应的接口电路，起到了传感器的作用，因此本书将这些器件当成传感器来处理。

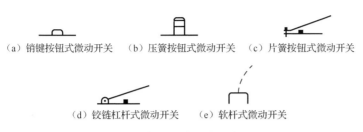

图 4-2 常见的接触式微动开关

非接触式微动开关形式很多,常见的有光电式、感应式等,这几种形式的微动开关在电梯中都能够见到。

2. 光电开关

光电开关通常由发射器、接收器和检测电路组成,是通过把光照度的变化转换成电信号的变化来实现控制的。光电开关发射器发出的光束被物体阻断,或者部分反射后被接收器接收,接收器最终据此做出判断,从而启动开关。光电开关的工作原理如图 4-3 所示。

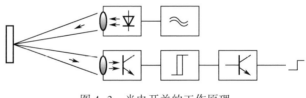

图 4-3 光电开关的工作原理

4.1.2 位置、角度测量传感器

测量智能机器人关节线位移和角位移的传感器是智能机器人位置反馈控制中必不可少的元器件。常用的位置、角度测量传感器有电位器、编码器等,其中编码器既可以检测线位移,也可以检测角位移。

1. 电位器

电位器通常由环状或棒状电阻丝和滑动片(电刷)组成,可将线位移或角位移的变化转化成电阻的变化,并以电压或电流的形式输出。电位器检测的是以电阻中心为基准位置的线位移。典型的电位器如图 4-4 所示。电位器测量线位移的原理如图 4-5 所示。

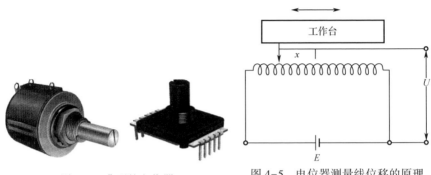

图 4-4　典型的电位器　　　　图 4-5　电位器测量线位移的原理

2. 编码器

编码器常用于检测细微的线/角位移，根据信号输出的形式分为增量式编码器和绝对式编码器两种。增量式编码器的原理、构造简单，寿命长，可靠性高，抗干扰能力强，但无法检测运动部件的绝对位置信息。简单的直线增量式编码器如图 4-6 所示。

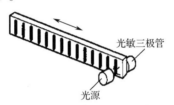

图 4-6　简单的直线增量式编码器

图 4-7 所示的光电编码器是另一种增量式编码器，由光源、聚光镜、码盘、光敏元件、光阑板等构成。灯源发出的光线经过聚光镜后变成平行光束，当码盘上的条纹与光阑板上的条纹重合时，光敏元件便接收一次光的信号并计数，由此可以测试旋转的速度。

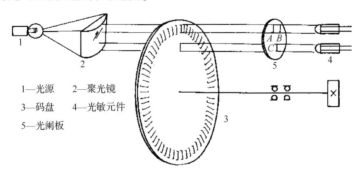

1—光源　2—聚光镜
3—码盘　4—光敏元件
5—光阑板

图 4-7　光电编码器工作原理图

旋转绝对式编码器是根据读出码盘上的编码来检测绝对位置的,每个位置都对应着透光弧段与不透光弧段的唯一确定组合。这种确定组合有唯一性特征,通过该特征,在任意时刻都可以确定码盘的精确位置。旋转绝对式编码器经常使用格雷码表示透光与不透光的组合。旋转绝对式编码器位置编码示意如图 4-8 所示。

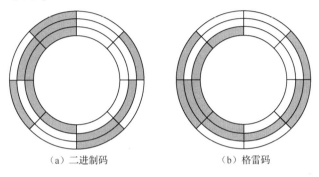

(a) 二进制码　　　　　　(b) 格雷码

图 4-8　旋转绝对式编码器位置编码示意

4.1.3　速度传感器

速度、角速度的测量是智能机器人驱动器反馈控制中必不可少的环节,可利用前面所述的电位器或编码器测量,也可利用测速电机测量。

例如:在闭环伺服系统中,编码器的反馈脉冲信号数量和系统的位移成正比;对任意给定的角位移,编码器将产生确定数量的脉冲信号,通过计算指定时间内脉冲信号数量,可计算出相应的角速度。

4.2　外部传感器

外部传感器用来检测智能机器人所处环境(如是什么物体、离物体的距离等)及状况(如抓取的物体是否滑落)的传感器,主要有物体识别传感器、物体探测传感器、接近觉传感器、距离传感器、力觉传感器等。

1. 物体识别传感器

典型的物体识别传感器是视觉传感器,如摄像机。视觉传感器是利用光(智能机器人可用红外线等)以非接触方式识别物体的,也可以利用触觉来识别物体，智能机器人可以用触觉传感器来实现物体识别。

2. 物体探测传感器

物体探测传感器是一种用于探测物体是否存在的传感器，如视觉传感器、光电开关和超声波距离传感器等。

3. 接近觉传感器

用于探测非常近的物体是否存在的传感器称为接近觉传感器，也称为无触点接近觉传感器，是理想的电子开关量传感器。当金属类被测物体接近传感器的感应区域时，传感器就能在无接触、无压力、无火花的情况下迅速发出检测指令，准确反映出被测物体的位置和行程。即使用于一般的行程控制，接近觉传感器的定位精度、操作频率、使用寿命、安装调试的方便性和对恶劣环境的适应能力，也都是一般机械式行程开关所不能相比的。

4. 距离传感器

距离传感器用于测量物体和智能机器人之间的距离，常用的有超声波距离传感器、激光距离传感器、深度摄像机等。

5. 力觉传感器

力觉传感器使用的主要元件是电阻应变片，智能机器人的力觉传感器通常可分为三类：

① 装在关节驱动器上的力觉传感器，称为关节力传感器。

② 装在夹持器、机械手等末端执行器和智能机器人最后一个关节之间的力觉传感器，称为腕力传感器。

③ 装在机器人手爪指关节（或手指上）的力觉传感器，称为指力传感器。

6. 其他类型传感器

由于应用场景的不同，智能机器人需要测量的物理量种类繁多，因此传感器类型也非常多。除了上述常见的传感器，智能机器人上还会安装多种类型的传感器，如：

① 语音识别传感器，用于分析振动强弱、探测机械故障点。

② 热传感器，用于测量温度。

③ 通过分析敲打的声音来测定果品成熟程度的传感器。

④ 根据近红外线被糖度吸收的程度测定水果甜度的传感器。

4.3 视觉传感器

智能机器人可以通过视觉传感器获取周围环境的一维、二维、三维图像，图像经过解析后转化为计算机能够处理的数值矩阵。视觉传感器用于辨识智能机器人周围的物体、确定物体的位置及状态。智能机器人的视觉侧重于研究以应用为背景的专用视觉系统，只提供对执行某一特定任务的相关的景物描述。智能机器人视觉的硬件主要包含图像获取和视觉处理两部分：图像获取是指智能机器人通过硬件获取图像并转化为相应的数值矩阵；视觉处理是指通过计算机视觉算法实现相应的功能，如读取标记、理解图像中颜色、识别物体，以及对图像内物体进行分割或跟踪。目前，智能机器人的主流视觉传感器有光电二极管、光电转换器、位置敏感探测器、CCD（Charge Coupled Device）图像传感器、CMOS 图像传感器、红外传感器以及其他的摄像元件，不同的应用场景对视觉传感器的需求也不同。

4.3.1 光电二极管与光电转换器

光电二极管与光电转换器通常是具有 PN 结的半导体元件，如果具有较高能量的光子射入半导体 PN 结的耗尽层，就会激励出新的空穴。利用电场将空穴和电子分离到两侧，就可以得到与光子量成比例的反向电流。此类元件的优点是暗电流小，被广泛用于照度计（Lumeter，用于测量物体被照明的程度）和分光光度计（Spectrometer，将成分复杂的光分解为光谱线）等测量装置中。

4.3.2 位置敏感探测器

位置敏感探测器是测定入射光位置的传感器，其内部结构如图 4-9 所示。P 型层在表面，N 型层在另一面，I 层在它们中间。照射在位置敏感探测器上的入射光转换成光电子后，由 P 型层上两端电极探测并形成光电流，光电流通过电阻膜到达元件两端的电极，流入各个电极的电流与电阻存在对应关系，而电阻的大小又与入射光的照射位置到各个电极的距离成比例，因此根据电流就能检测到入射光的照射位置。位置敏感探测器有一维和二维两种，它们都具有高速性，但要注意入射光到开口部分的散射光的影响。位置敏感探测器的优点是响应速度快，位置分辨率高，不受光斑的约束，可同时测量位置和光照度，可靠性高。

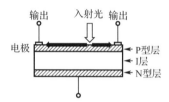

图 4-9　位置敏感探测器内部结构

4.3.3　CCD 图像传感器

电荷耦合器件（Charge Coupled Device，CCD）图像传感器是通过多个光电二极管传送电荷的装置，它有多个采用金属氧化物半导体（Metal Oxide Semiconductor，MOS）结构的电极，电荷传送是通过向其中一个电极上施加与其他电极不同的电压，产生所谓的势阱，并顺序变更势阱来实现的。CCD 图像传感器具有所有像素都能在同一时间曝光的特点，从而可获取清晰的彩色图像。这些图像可用于计算机视觉算法的后续相关处理。

CDD 图像传感器上有许多排列整齐的光电二极管，这些光电二极管可将光信号转换成电信号，经过采样、放大和模/数转换后成为数字图像信号。CDD 图像传感器上每一个像素都由 4 个光电二极管构成（分别是 2 个绿色的、1 个红色的、1 个蓝色的）。CCD 感光元件示意如图 4-10 所示。

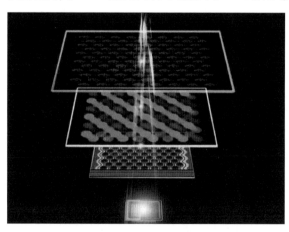

图 4-10　CDD 感光元件示意

4.3.4 CMOS 图像传感器

互补金属氧化物半导体（Complementary Metal Oxide Semiconductor, CMOS）图像传感器是由接收部分（光电二极管）和放大部分组成的一个个单元按照二维排序构成的。由于放大部分之间的分散性大，所以 COMS 图像传感器的噪声比较大。不过，由于噪声消除电路的性能已经得到改善，使 CMOS 图像传感器迅速得到了普及和应用。CMOS 图像传感器的功耗低，利用一般半导体制造技术即可完成 CMOS 的设计和加工，有利于图像传感器的单片化和低成本化。市面上数码产品的感光元件通常都是 CCD 图像传感器或 CMOS 图像传感器。

CMOS 图像传感器已由前照式 CMOS 图像传感器变为背照式 CMOS 图像传感器，工作原理如图 4-11 所示。在背照式 CMOS 图像传感器中，放大电路、互连电路等置于背部，前部全部为光电二极管，从而实现 100% 的填充因子。在图 4-11（a）中，当入射光经过片上透镜和彩色滤光片后，通过金属排线层后的入射光才被光电二极管接收。而金属排线层不透光且反光，所以入射光会被部分阻挡和反射，而且反射光可能串扰旁边的像素，导致颜色失真。为了改善前照式 CMOS 图像传感器的不足，将其金属排线层与光电二极管（受光面）的位置颠倒，如图 4-11（b）所示，入射光几乎没有阻挡和干扰地被光电二极管接收，光线利用率极高，背照式 CMOS 图像传感器能更好地利用入射光，在低照度环境下的成像质量也很好。

（a）前照式CMOS图像传感器　　　　（b）背照式CMOS图像传感器

图 4-11　前照式和背照式 CMOS 图像传感器的工作原理

CCD 图像传感器仅有一个输出节点，所有的信号同时读出，信号输出的一致性较好，但同时读出所有信号需要的带宽较高，功耗较高。而 CMOS 图像传感器中每个像素都有自己的信号放大器，虽然输出的一致性差，但需要的带宽低，大大降低了功耗。

4.3.5 红外传感器

根据黑体辐射理论，任何物体都依据温度的不同对外进行电磁波辐射。红外传感器可通过对红外辐射敏感的CCD对物体进行成像，能反映出物体表面的温度场，从而得到红外图像。

红外相机利用的是红外辐射的原理，几乎不受光照和大气的影响。红外相机是通过接收被测物体的温差来成像的，显示的是被测物体红外辐射图像。在大多数情况下，被测物体的红外辐射非常弱，表面的温差不大，而接收设备的像元较大，热灵敏度有限，因此形成图像的灰度等级不够、分辨率低、对比度低，与可见光图像相比，缺少层次感和立体感，分辨细节能力差。例如红外相机在雨天的成像效果如图4-12所示，其成像质量远远不如可见光的成像质量。

图4-12　红外相机在雨天的成像效果

4.4　距离传感器

距离传感器通过主动发射探测信号，然后根据接收所发射探测信号在传播过程中碰到物体后反射的回波来探测周围环境，能够直接得到所探测区域的空间距离信息，是目前无人系统中使用的一类重要的环境感知传感器。距离传感器属于主动传感器。和摄像机等被动传感器相比，主动传感器采集的数据包含了周围环境的距离信息，因此在目标检测与定位、3D环境建模等方面有重要作用。主动传感器既可单独使用，也可和被动传感器一起形成主被动传感器。

常用的距离传感器包括超声波距离传感器、激光雷达、毫米波雷达和深度摄像机等。

4.4.1 超声波距离传感器

超声波距离传感器是利用超声波的特性研制而成的传感器。超声波测距的原理比较简单，一般采用时差法，即：

$$d = c \cdot \Delta t / 2$$

式中，d 表示待测距离；c 为超声波速度，与环境温度有关，是环境温度的函数；Δt 为从发射超声波到接收到回波的时间差。

超声波距离传感器在智能机器人系统中的主要用途包括：实时检测自身所处空间的位置，用以进行自定位；实时检测障碍物，为行动决策提供依据；检测目标姿态并进行简单形体的识别；用于导航目标跟踪。由于超声波发射时有一定的波束角，因此其指向性较差，且易受多次回波的影响。如果多个超声波探头的探测范围有重叠，则容易互相干扰。

4.4.2 激光雷达

1. 激光雷达工作原理和作用

激光雷达（Light Detection And Ranging，LiDAR）可以在白天或黑夜测量特定物体与无人系统之间的距离。由于反射强度的不同，也可用于区分表面反射强度不同的物体，但是无法探测被遮挡的物体或光束无法到达的物体，在雨、雪、雾等天气下性能较差。激光雷达在无人系统中有以下两个核心作用。

（1）通过 3D 建模进行环境感知

通过激光雷达进行扫描可以得到无人系统周围环境的 3D 模型，运用相关算法比对上一帧和下一帧环境的变化可以较为容易地探测周围的物体。

（2）同步建图、加强定位精度

激光雷达另一大作用是同步建图，通过对比实时得到的 3D 环境地图和高精度地图中的特征物，可以实现导航，以及加强自身的定位精度。

激光雷达采集的是空间采样点数据,通常称为点云(Point Cloud)数据。假如把点云数据在三维笛卡儿坐标系中表示,那么每个空间采样点都包含 x、y、z 三维空间坐标和该点的激光反射强度 α。图 4-13 是典型的点云数据示例。

图 4-13　典型的点云数据示例

2. 激光雷达的分类

(1) 机械旋转扫描式激光雷达

机械旋转扫描式激光雷达通过高速旋转的方式实现激光线束的水平 360°扫描。单线激光雷达的应用在国内相对较广,例如,扫地机器人使用的便是单线激光雷达。单线激光雷达可以获取 2D 数据,但无法识别目标的高度信息。多线激光雷达则可以识别 2.5D 甚至 3D 数据,在精度上会比单线雷达高很多。目前市场上推出的主要有 4 线、8 线、16 线、32 线、64 线和 128 线激光雷达,图 4-14 所示为典型的 64 线、32 线和 16 线激光雷达。

(a) 64 线激光雷达　　　(b) 32 线激光雷达　　(c) 16 线激光雷达

图 4-14　典型的 64 线、32 线和 16 线激光雷达

随着激光线束的提升,其识别的空间采样点也随之增加,所要处理的数据量也非常巨大。例如,典型的 64 线激光雷达进行垂直范围 26.8°、水平 360°的扫描时,每秒能产生高达 130 万个空间采样点,对数据处理系统的数据带宽、计算能力和存储有较高要求。典型的 64 线雷达内部结构如图 4-15 所示,主要由上下两部分组成。每部分都发射 32 束激光,由两个 16 束激光发射器组成,背部包括信号处理系统和稳定装置。

激光雷达发射的线束越多,每秒采集的空间采样点就越多,造价就越高。一般情况下,激光线束与价格成正比。典型的多线激光雷达的主要参数如表 4-1 所列。

图 4-15 典型的 64 线激光雷达内部结构

表 4-1 典型的多线激光雷达的主要参数

主 要 参 数	64 线激光雷达	32 线激光雷达	16 线激光雷达
激光线束数量	64	32	16
扫描距离/m	120	100	100
测距精度/cm	±2	±2	±2
每秒空间采样点数量/个	1300000	700000	300000
视野(垂直/水平)	26.8°/360°	40°/360°	30°/360°
功耗/W	60	12	8

(2) 固态激光雷达

固态激光雷达不需要机械旋转部件,因而体积更小,可集成在无人系统内部,不仅系统可靠性得到了提高,成本也大幅降低。但由于固态激光雷达缺乏机械旋转部件,水平视角小于 180°,所以需要将多个固态激光雷达组合使用。

光学相控阵是固态激光雷达采用的关键技术，图4-16是光学相控阵扫描雷达的工作原理示意图，光学相控阵是通过调节发射阵列中每个发射单元的相位差来改变激光的发射角度的。

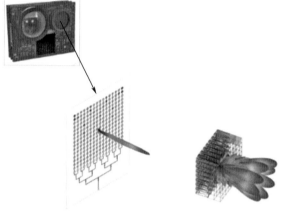

具有远场辐射模式的　　不同转向角的远场覆盖图形
光学相控阵光子集成电路

图4-16　光学相控阵扫描雷达工作原理示意图

光学相控阵是怎样通过控制发射阵列中每个发射单元的相位差来改变激光的发射角度的呢？我们可以通过一个简单的比喻来了解光学相控阵是如何工作的。

假设有10个人在左侧排成一列并排前进，把他们的连线作为他们整体运动的阵列面，垂直于连线向右的方向为前进方向。

如果10个人前进的速度都一样时，则阵列面将平行向右移动，其前进方向不会发生改变，如图4-17（a）所示。

如果最上方的人走得最慢，其他人的速度从上至下依次逐步增大，最下方的人走得最快，当经过一段时间后，最下方的人走得最长，最上方的人走得最短，其阵列面的前进方向将向上方发生明显的角度改变，如图4-17（b）所示。

如果最上方的人走得最快，其他人的速度从上至下依次逐步减小，最下方的人走得最慢，则经过一段时间后，阵列面的前进方向将向下方发生明显的角度改变，如图4-17（c）所示。

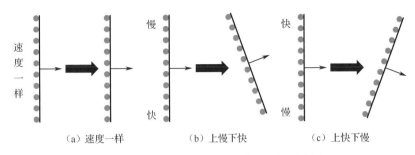

(a) 速度一样　　　(b) 上慢下快　　　(c) 上快下慢

图 4-17　说明光学相控阵工作原理的示意图

光学相控阵的工作原理与上面的比喻类似，它的每一个发射单元都可以通过激光（人）的速度来进行控制。当一束激光被分成许多个小的发射单元（人）时，每个小的发射单元（人）的激光都通过一个光学相控阵单元，并对其速度进行严格控制。当每个小的发射单元的激光以相同的时间通过光学相控阵后，其速度恢复到进入光学相控阵前的速度，但由于每个小的发射单元的激光所走过的光程（路程）不一样，通过光学相控阵后合成的波阵面（上面比喻中的阵列面）将发生明显变化，从而使激光的指向发生偏转。这就是光学相控阵的基本工作原理。

上面举的是一维扫描的例子，如果把光学相控阵做成二维阵列，就可以实现二维扫描。光学相控阵一般都是通过电信号对其相位进行严格的控制来实现激光指向扫描的，因此也称为电子扫描技术。

与机械旋转扫描技术相比，光学相控阵有以下三大优势。

① 扫描速度快。光学相控阵的扫描速度取决于所用材料的电子学特性和器件的结构，一般都可以达到 MHz 量级以上。

② 扫描精度或指向精度高。光学相控阵的扫描精度取决于控制电信号（一般为电压信号）的精度，扫描精度可达到千分之一度量级以上。

③ 可控性好。光学相控阵的激光指向完全由电信号控制，在允许的角度范围内可以做到任意指向，可以对感兴趣的目标区域进行高密度的扫描，在其他区域进行稀疏扫描，这对于自动驾驶环境感知非常有用。

但光学相控阵也有它的缺点，例如：

① 易形成旁瓣，影响激光作用距离和角分辨率。经过光学相控阵后的激光实际是通过相互干涉形成的，易形成旁瓣，使得激光的能量被分散。

② 加工精度要求高。光学相控阵要求发射单元尺寸必须不大于半个波长，目前激光雷达的工作波长通常在 1 μm 左右，这就意味着发射单元的尺寸必须不大于 500 nm，而且阵列数越多，发射单元的尺寸就要求越小，能量越往主瓣集中，这就对加工精度提出了更高的要求。

4.4.3 毫米波雷达

1. 毫米波雷达的工作原理和作用

毫米波雷达是通过发射无线电信号（毫米波波段的电磁波）并接收反射信号来测定无人系统周围的物理环境信息的，如无人系统与其他物体之间的相对距离、相对速度、角度、运动方向等，然后根据测定的信息来进行目标追踪和识别分类，进而结合自身的动态信息进行数据融合，完成合理决策，减少无人系统自身运动过程中的事故发生概率。

毫米波雷达的工作频段为 30~300 GHz，毫米波的波长为 1~10 mm，介于厘米波和光波之间，因此毫米波兼有微波制导和光电制导的优点。毫米波雷达是通过测量反射信号的频率变化来计算被测物体的速度变化的，短/中距离雷达可以检测 30~100 m 处的物体，长距离毫米波雷达能够检测到很远的物体。同时，毫米波雷达不受天气状况影响，即使在雨、雪等天气都能正常运作，穿透雾、烟、灰尘的能力强，具有全天候工作的特性，且探测距离远，探测精度高，被广泛应用于车载距离探测，如自适应巡航、碰撞预警、盲区探测等。

相比激光雷达，毫米波雷达的精度低、可视范围的角度也偏小，一般需要多个雷达组合使用。毫米波雷达发射的是电磁波信号，无法检测上过漆的木头或塑料（隐形战斗机就是通过表面喷漆来躲开雷达信号的），行人的反射波较弱，几乎对雷达"免疫"。毫米波雷达对金属表面非常敏感，如果是一个弯曲的金属表面，它会被误认为一个大型表面，因此，路上一个小小的易拉罐可能会被判断为巨大的路障。此外，毫米波雷达在大桥和隧道里的效果同样不佳。

2. 毫米波雷达的分类

毫米波雷达的可用频段有 24 GHz、60 GHz、77 GHz、79 GHz，主流频段为 24 GHz 和 77 GHz，分别适合短/中距离的探测和中/长距离的探测。相比于

24 GHz，77 GHz 的毫米波雷达对物体分辨率可提高 2~4 倍，测速和测距的精度可提高 3~5 倍，能检测行人和自行车；且设备体积更小，更便于在无人系统上安装和部署。如表 4-2 所示，长距离毫米波雷达的探测范围更广，可适用于速度更快的无人系统，但是探测精度会下降，因此更适合自适应巡航之类的应用。

表 4-2　长距离、中距离和短距离毫米波雷达的主要参数

主 要 参 数	长距离毫米波雷达	短/中距离毫米波雷达
分类	窄带雷达	宽带雷达
探测距离/m	280	30/120
速度上限/（km/h）	250	150
测距精度	0.5 m	厘米级
主要应用场合	无人系统自适应巡航	无人系统周围环境监测

短距离毫米波雷达（Short Rang Millimeter-wave Radar）的探测距离一般为 30 m，而中距离毫米波雷达（Middle Rang Millimeter-wave Radar）的探测距离一般为 120 m。如果无人系统的运动速度较快，那么短距离毫米波雷达是无法满足需求的。短距离毫米波雷达通过牺牲探测距离换来了更高的空间分辨率。如图 4-18 所示，在面对 4 个相距较近的障碍物时，中距离毫米波雷达无法分辨，会将 4 个障碍物合在一起判定为一个；而短距离毫米波雷达能较好地区分各个障碍物，从而可以得到更加精细的环境信息。

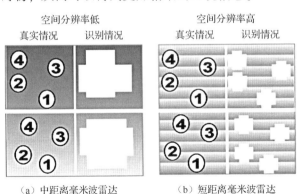

图 4-18　中距离毫米波雷达和短距离毫米波雷达的空间分辨率对比

为满足智能机器人在复杂环境中自主导航的需求,一般需要安装多个长/短距离毫米波雷达。下面以无人运输车自动编队应用中的跟车需求为例进行说明,在这种场合下,一般需要3个毫米波雷达,车正中间安装一个77 GHz的长距离毫米波雷达,探测距离为150~250 m,探测角度约为10°;车两侧各安装一个24 GHz的中距离毫米波雷达,探测距离为50~70 m,探测角度约为30°。更多情况下,车后方也需要安装多个短距离毫米波雷达以探测车后方的情况。

电磁波频率越高,探测距离和速度的解析度就越高,因此毫米波雷达的频段发展趋势是逐渐由24 GHz向77 GHz过渡。1997年,欧洲电信标准化协会(ETSI)确认76~77 GHz作为防撞雷达专用频段。早在2005年原信息产业部发布的《微功率(短距离)无线电设备的技术要求》就将76~77 GHz划分给了车辆测距雷达。2015年,日内瓦世界无线电通信大会将77.5~78.0 GHz频段划分给无线电定位业务,以支持短距离高分辨率车载雷达的发展,从而使76~81 GHz都可用于车载雷达,为全球车载毫米波雷达的使用频段指明了方向。此后,车载毫米波雷达将统一在77 GHz频段(76~81 GHz),该频段带宽更大、功率更高、探测距离更远。

4.4.4 深度摄像机

1. 深度摄像机简介

深度摄像机是一种能够测量距离的摄像机,其测距原理是向被测物体连续地发射光脉冲,然后接收从被测物体反射回的光脉冲,根据光脉冲的飞行(往返)时间来得到被测物体的距离,因此也称为飞行时间(Time Of Flight,TOF)摄像机,其基本测距原理如图4-19所示。

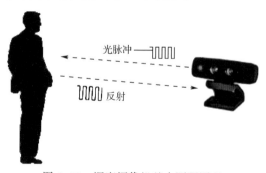

图4-19 深度摄像机基本测距原理

深度摄像机和激光雷达的测距基本类似,只不过激光雷达采用逐点扫描的方式,而深度摄像机可同时得到整幅图像的深度(距离)信息。几种典型的深度摄像机如图 4-20 所示。

图 4-20　几种典型的深度摄像机

深度摄像机采集的数据是深度图像,每个点的数值代表该点的深度值,根据深度摄像机的内部参数并利用简单的立体几何知识可以将深度值转化为三维点云数据。由于深度摄像机和可见光摄像机有类似的数据形式,因此经常和可见光摄像机集成在一个传感器内,如第二代 Kinect,这样可以同时采集到彩色图像和深度图像。深度摄像机的生产厂家一般会提供 API 将采集的彩色图像和深度图像对齐,从而得到 RGB-D 图像数据,如图 4-21 所示。

(a) 彩色图像(RGB)　　　　(b) 与彩色图像对齐的深度图像(Depth)

图 4-21　RGB-D 图像数据

深度摄像机采用主动光进行探测,通常包括发射单元、光学透镜、成像传感器、控制单元和计算单元等部分。由于测距原理和技术上的原因,深度摄像机的理论最大测量距离为 7.5 m。在实际测量中,由于受环境光的干扰,最大测量距离一般小于理论值,而且在一般情况下,在室外无法使用深度摄像机,除非增加更强的单独光脉冲源,这将大大增加深度摄像机的体积和质量。

2. 影响深度摄像机测量精度的因素

在实际使用中，影响深度摄像机测量精度的因素主要包括以下 4 个方面。

（1）多重反射

距离测量要求光脉冲只反射一次，但是镜面或者一些角落会造成光脉冲的多次反射，这会导致测量失真，如图 4-22 所示。如果多重反射使得光脉冲完全偏转，则会导致没有反射光脉冲进入深度摄像机；反之，如果其他方向的光脉冲通过镜面反射进入深度摄像机，则可能会发生过度曝光。

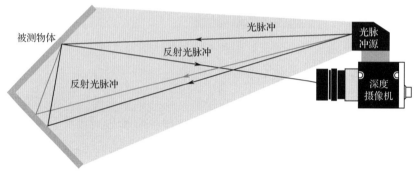

图 4-22 多重反射对测量精度的影响

（2）散射光脉冲

在深度摄像机镜头内或在镜头后面发生多次反射时会出现散射光脉冲，如图 4-23 所示。散射光脉冲会导致图像褪色、对比度下降等，所以要避免在深度摄像机正前方有强烈反光的干扰对象。

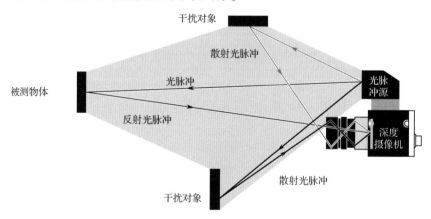

图 4-23 散射光脉冲对测量精度影响示意图

(3) 日光

深度摄像机镜头上会有一个带通滤光片,用来保证只有与光脉冲源波长相同的光才能进入,这样可以抑制非相干光源,提高信噪比。这种方式能够比较有效地过滤掉人造光源,但是,日光几乎能够覆盖整个光谱范围,这其中包括和光脉冲源波长相同的光,在某些情况下(如夏天的烈日)这部分光照度可以达到很大,会导致深度摄像机出现过度曝光。如果深度摄像机要在这种条件下正常工作,就需要额外的保护机制。

(4) 温度

电子元件的精度通常会受温度的影响,当温度波动时会影响电子元件的性能,从而影响光脉冲调制的精度,1 ns 的光脉冲偏差即可产生高达 15 cm 的距离测量误差,因此要做好深度摄像机的散热,这样才能保证测量精度。

第 5 章
环境感知与建模

即时定位与地图构建（Simultaneous Localization And Mapping，SLAM）允许机器人在未知的环境中来构建地图，并同时计算出自己所在的位置，是一种能让机器人感知环境的重要技术。SLAM 技术自 20 世纪 80 年代提出后，就吸引了国内外大量的研究者，由于其重要的理论与应用价值被很多研究者认为是实现真正全自主导航机器人的关键技术。近十年来，SLAM 技术在室内、室外、水下、空中等多种环境下得到了大量的实践，取得了令人瞩目的进展。本章首先对与 SLAM 相关的建模技术、地图构建技术以及定位技术等进行简要的介绍，然后介绍目前几种应用较为广泛的 SLAM 算法，最后阐述 SLAM 目前存在的问题以及未来的发展方向。

5.1 SLAM 中的常用模型

近年来，SLAM 技术成为目前主流的机器人定位技术，约有 80% 的行业领先的服务机器人企业都采用了 SLAM 技术。简单来说，SLAM 是指机器人在未知环境中完成定位、建图、路径规划。

机器人的运动控制系统及其环境的数学模型是实现各种 SLAM 方法的基础，本节将介绍 SLAM 技术所用到的各种模型，包括坐标系模型、机器人位置模型、里程计或控制命令模型、运动模型、传感器观测模型、噪声模型等。

5.1.1 坐标系模型

在机器人的定位导航中，主要使用三种坐标系：一是笛卡儿坐标系；二是极坐标系，大多数距离和方向传感器（如激光雷达、超声波传感器等）都采用这种坐标系；三是 DIN70000 坐标系。本节选用笛卡儿坐标系对机器人的坐标系模型进行建模，机器人位姿 $X_k^v = [x_k^v \ y_k^v \ \Phi_k^v]$、环境特征位置 $L_i = (x_i, y_i)$ 和传感器位置 $X_S = (x_S, y_S)$ 均采用笛卡儿坐标系表示。

在机器人的定位导航中,主要用到三种坐标系:全局坐标系 $x_W O_W y_W$、机器人坐标系 $x_R O_R y_R$ 及传感器坐标系 $x_S O_S y_S$。机器人的坐标系模型如图 5-1 所示。一般情况下,机器人的坐标系模型都是基于这三种坐标系来定义的。有时不会把传感器坐标系加入机器人的坐标系模型中,只采用全局坐标系和机器人坐标系。

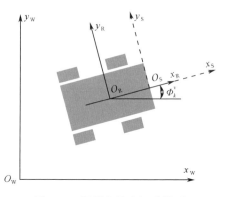

图 5-1 机器人的坐标系模型

5.1.2 机器人位置模型

定位是对机器人的位姿进行估计的过程,也就是确定机器人在全局坐标系中的位置及机器人车体方向的过程。机器人的位置可以用全局坐标系中的一个坐标点 (x_k^v, y_k^v) 来表示,而机器人车体方向则用机器人车体偏离全局坐标系 x_W 轴的夹角 Φ_k^v 表示,Φ_k^v 的方向定义为:以 x_W 轴为 0°,顺时针方向为负,逆时针方向为正,夹角的范围为 $-180° \sim 180°$。

当机器人在二维平面中运动时,机器人的位姿就可以表示为一个三维状态向量 $X_k^v = [x_k^v \ y_k^v \ \Phi_k^v]$,其中,$x_k^v$ 和 y_k^v 表示机器人在 k 时刻的位置,Φ_k^v 表示 k 时刻机器人车体方向。

5.1.3 里程计或控制命令模型

在对机器人位置进行跟踪时,机器人当前位置是基于先前的位置估计和内部传感器的信息来推算的。里程计作为相对定位的有效传感器,已经在机器人定位中得到了广泛的应用,它可以记录在一个时间间隔内机器人所走过的距离和方向偏转。通常假设机器人是沿一个圆弧运动的,如果时间间隔比较小,则这种假设是合理的。

另一种获取运动信息的方法是基于控制命令来实现的。如果某一时刻的控制命令为机器人运动的线速度 V_k 及角度偏转 α_k,时间间隔为 ΔT,则机器人走过的距离为 $V_k \Delta T$。

5.1.4 运动模型

机器人的运动模型应该能够准确地描述机器人在不同环境状态下的运动变化过程。我们的最终目标是要知道,在控制输入 u_t 和干扰噪声 ε_t 的联合作用下,机器人的位姿 $X_v(t)$ 是怎样随时间变化的。

SLAM 过程在本质上是一个马尔可夫过程,即机器人当前时刻的状态只和前一时刻的状态有关,当前时刻 t 的状态取决于前一时刻 $t-1$ 的状态和当前时刻 t 的控制输入 u_t,可用式(5-1)表示,即:

$$X_v(t) = f[X_v(t-1), u_t] + W(t) \tag{5-1}$$

式中,f 是系统的状态转移函数,一般是非线性的。由于机器人在实际运动过程中,会出现由于很多未知因素产生的系统误差和随机误差,如轮子打滑、漂移、系统模型误差等,因此在式(5-1)中添加了一个误差项 $W(t)$。

航迹推算示意图如图 5-2 所示,假设当前时刻机器人的位姿 $X_v(t)$(即底盘的当前位姿)为 $[x_t, y_t, \theta_t]^T$,下一时刻的位姿 $X_v(t+1)$ 为 $[x_{t+1}, y_{t+1}, \theta_{t+1}]^T$,$dx$、$dy$、$d\theta$ 为运动增量算子,则可以用一个简化的运动模型来表示它们之间的变换关系,如式(5-2)所示。

$$\begin{bmatrix} x_{t+1} \\ y_{t+1} \\ \theta_{t+1} \end{bmatrix} = \begin{bmatrix} x_t \\ y_t \\ \theta_t \end{bmatrix} + \begin{bmatrix} dx \\ dy \\ d\theta \end{bmatrix} + \begin{bmatrix} w_x \\ w_y \\ w_\theta \end{bmatrix} \tag{5-2}$$

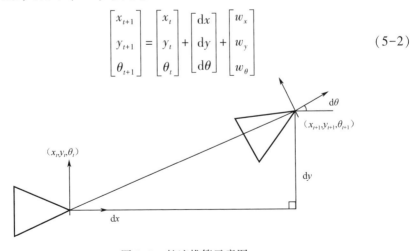

图 5-2 航迹推算示意图

在实际的位姿计算中，通常需要根据底盘轮子的线速度和角速度，在已知前一时刻位姿的基础上推算机器人当前时刻的位姿。因此可以用里程计提供的信息替换 $\mathrm{d}x$、$\mathrm{d}y$、$\mathrm{d}\theta$，即：

$$\begin{bmatrix} x_{t+1} \\ y_{t+1} \\ \theta_{t+1} \end{bmatrix} = \begin{bmatrix} x_t \\ y_t \\ \theta_t \end{bmatrix} + \begin{bmatrix} V_t \cdot \Delta T \cdot \cos(\theta_t + \omega \cdot \Delta T) \\ V_t \cdot \Delta T \cdot \sin(\theta_t + \omega \cdot \Delta T) \\ \omega \cdot \Delta T \end{bmatrix} + \begin{bmatrix} w_x \\ w_y \\ w_\theta \end{bmatrix} \quad (5-3)$$

式中，$[w_x, w_y, w_\theta]^\mathrm{T}$ 为误差项 $\boldsymbol{W}(t)$。

5.1.5 传感器观测模型

航迹推算是机器人自定位的一种常见形式，但它的定位误差会随时间无限累积，导致机器人位姿的不确定性单调增加，因此必须融合传感器获得的观测数据，以限制定位误差。

距离传感器的观测量 $\boldsymbol{Z}$ 是某个环境特征相对于机器人的距离和方向，在极坐标系中可表示为：

$$\boldsymbol{Z} = [r\ \theta]^\mathrm{T} \quad (5-4)$$

传感器观测模型描述了传感器观测量与机器人位置之间的关系，对于不同的观测量表示形式，会有不同的观测方程：

$$\boldsymbol{Z}_k = h(\boldsymbol{X}_k) + \boldsymbol{w}_k \quad (5-5)$$

式中，$\boldsymbol{Z}_k$ 为 k 时刻的观测量；h 为观测函数，一般是非线性的；$\boldsymbol{w}_k$ 为观测噪声，用于描述观测过程中的噪声和模型本身的误差。

在 SLAM 过程中，通常通过激光雷达得到环境特征与机器人的距离 r 及方向夹角 θ，观测模型可写为：

$$\boldsymbol{Z}_k = h(\boldsymbol{X}_k) + \boldsymbol{w}_k = \begin{bmatrix} r \\ \theta \end{bmatrix} + \boldsymbol{w}_k = \begin{bmatrix} \sqrt{(x_i - x_k^\mathrm{v})^2 + (y_i - y_k^\mathrm{v})^2} \\ \arctan\dfrac{y_i - y_k^\mathrm{v}}{x_i - x_k^\mathrm{v}} - \boldsymbol{\Phi}_k^\mathrm{v} \end{bmatrix} + \boldsymbol{w}_k \quad (5-6)$$

式中，(x_i, y_i) 为观测到的第 i 个环境特征的位置坐标。

5.1.6 噪声模型

在机器人的自主导航研究中，需要用到多种传感器来对机器人自身的运动或外界的环境特征进行观测。这些观测会受到各种噪声的干扰，这些噪声是固有的、不确定的，通常可用一个噪声模型来表示这些噪声的干扰。最常用的噪声模型是高斯噪声模型。

在进行系统建模时，为了得到完全精确的系统模型，需要许多参数，并且是高度非线性的。为了表示方便，通常只用一个近似模型，在这个近似过程中也引入了误差，称为模型噪声，它也可以用高斯函数来表示。

5.2 地图构建中的常用地图及其选择标准

地图即环境的空间模型，机器人通过其搭载的激光雷达、深度摄像机等传感器来观测周围环境的信息，并将观测到的信息通过地图来表示。机器人研究领域的地图表示方法至少应满足便于计算机处理、容易更新地图以及机器人能够使用地图完成特定任务这三点要求。常见的地图可分为四类：度量地图（Metric Map）、拓扑地图（Topological Map）、语义地图（Semantic Map）、混合地图（Hybrid Map）。

1. 度量地图

度量地图能够直观地表示地图中物体之间的几何位置关系，它是一种精确的地图表示方法。度量地图的具体形式有三种，分别是栅格地图（Grid Map）、特征地图（Feature Map）和原始数据地图（Raw Data Map）。

栅格地图（见图5-3）将环境按照分辨率划分成若干网格，每个网格都有占据、空闲和未知三种状态，占据和空闲状态表示该网格内是否有物体存在，未知状态表示该网格需要继续观测。在三维情形下，一般用八叉树地图来表示栅格地图；在二维情形下，用矩阵来表示栅格地图。栅格地图易于构建和维护，对某个网格的观测信息可以直接与环境的某个区域相对应，特别适合处理超声波测量数据。环境的分辨率与网格尺寸的大小有关，但增加分辨率会增加计算时间和空间复杂度。

特征地图（见图5-4）由一组环境特征（路标）组成，每个环境特征都用一个几何原型来近似。这种地图只局限于表示可参数化的环境特征或者可建模的对象，如点、线、面。特征地图的构建大都基于机器人自身传感器对周围环境特征的观测数据，然后用这些观测到的环境特征表示环境地图。由于特征地图是以几何位置关系来表示环境地图的，所以为了保证地图的一致性，要求各观测数据的位置是相对精确的。对于结构化的办公室环境，用一些几何模型来表示环境是可行的，如用线来拟合室内的墙面，用点来拟合墙角、桌子角等；对于室外道路环境，可以用点来表示道路两侧的大树位置；而对于室外越野环境，可以用面来拟合路面地形。

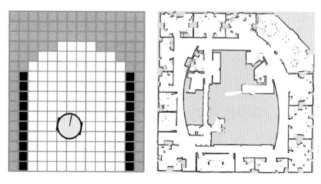

图 5-3　栅格地图示例

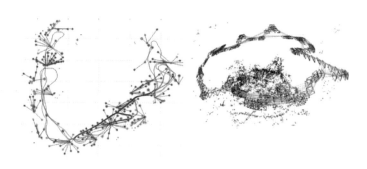

图 5-4　特征地图示例

原始数据地图要求存储传感器观测到的所有数据，得到的是一个全局的环境地图，它不需要提取环境特征或进行栅格化，而是直接将传感器的观测数据表示成地图的形式。原始数据地图比较灵活，但需要存储更多的数据。

2. 拓扑地图

拓扑地图（见图 5-5）在表示环境时并没有一个明显的尺度概念，而是选用一些特定地点来表示环境特征的。拓扑地图通常表示为一个图，图中的节点表示一个特定地点，连接节点的弧表示特定地点之间的路径信息。对于结构化的环境来说，拓扑地图是一个很有效的表示方法，因为在结构化的环境中有很多特定地点。相反，在非结构化的环境中，特定地点的识别将变得非常复杂，如果仅仅以拓扑地图进行机器人定位，机器人将很快迷失方向和位置。

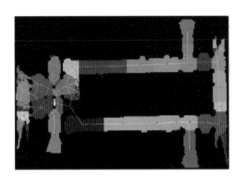

图 5-5　拓扑地图示例

3. 语义地图

语义地图相当于一种加了标签的度量地图，常用于场景识别、元素的分类等问题，地图元素被添加了描述符，因此其含义也更为丰富，在 SLAM 和深度学习的组合研究中应用得较多。

4. 混合地图

当环境较为复杂时，单一的地图不能对环境进行很好的表示，这时可以使用混合地图，例如在同一地图的不同区域使用不同的地图。在进行大规模环境建图时，局部区域可以使用度量地图来表示以提高地图的精确性，在大范围区域使用拓扑地图表示全局信息，尽管这种表示方法较灵活，而且可将环境信息表示得较为具体，但混合地图的复杂性使它不易推广。

5. 地图选择标准

各种地图构建方法都有自己的优势，但同时也都有一定的局限性。为了有利于得到稳定一致的 SLAM 算法，主要从以下 5 个方面来考虑地图构建方法的适应性。

（1）不确定性的表示（Representation of Uncertainty）

机器人传感器的观测数据不可能是完全精确的，在地图的构建过程中总存在一定的不确定性。同时，机器人的位姿与地图是相关的，也存在不确定因素。因此，需要对地图及机器人位姿的不确定性进行度量，建立不确定性模型，以精确地反映估计值与真实状态之间的误差。

(2) 单调收敛 (Monotonic Convergence)

不确定性度量的首要目的是保证地图的收敛性，地图的收敛性是指当新的观测数据融合进来后，地图的估计值应当更接近真实值，即不确定性是非增的。

(3) 数据关联 (Data Association)

地图的构建方法必须让机器人的观测数据与地图存储的信息能够进行匹配或关联。首先，数据关联必须有较高的效率以满足实时操作的要求；其次，数据关联要有一定的鲁棒性，因为有时观测数据很复杂，可能包括已构建地图的区域、未观测区域或动态目标。数据关联算法本质上是一个搜索算法，其搜索空间在一定程度上取决于机器人位姿的不确定性，因此，精确的不确定模型也能提高数据关联的效率及鲁棒性。

(4) 循环识别 (Cycle Detection)

机器人在环境中观测一圈后，回到起始区域的过程称为循环识别问题，也被称为 Map Revisitation 或 Loop Closure 问题。循环识别是一个很困难的数据关联问题，因为机器人观测一圈后，机器人的不确定性较大，会导致较大的搜索空间，这就需要数据关联算法有较高的执行效率及鲁棒性。如果机器人能顺利地完成循环识别，则在观测过程中积累的误差将会得到适当的压缩。

(5) 计算量及存储量 (Computation and Storage)

地图需要保存足够的信息以保证数据关联算法的收敛，在得到观测数据后，对地图进行更新时也要用到这些存储的信息，同时需要一定的计算量。一般情况下，计算量及存储量在一定程度上取决于环境地图的大小。

5.3 机器人定位技术

定位是机器人自主运动和导航的前提，位姿估计的准确度决定着地图的精度，在构建地图后，机器人可根据地图进行导航和路径规划。机器人自主运动的关键技术如图 5-6 所示。

根据机器人的运动环境不同，所使用的传感器和定位构图算法也不相同。

机器人的自主运动和导航过程需要回答三个问题：我在哪里？我要去哪儿？我怎样到达那里？定位就是要回答第一个问题，确切地说，机器人定位就是确定机器人在其运动环境中的全局坐标系的坐标。

目前机器人的定位方法可分为相对定位和绝对定位两种方法。

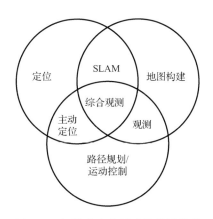

图 5-6 机器人自主运动的关键技术

5.3.1 相对定位技术

机器人相对定位也称为位姿跟踪,即假定机器人初始位姿,然后根据相邻时刻传感器的观测数据对机器人位姿进行跟踪估计。基本的相对定位方法是航迹推算法(Dead-Reckoning,DR),该方法仅仅通过运动估计(惯导、里程计、电子罗盘)即可对机器人的位姿进行递归推算。航迹推算法最初用于车辆、船舶等的航行定位中,过去所使用的加速度计、磁罗盘、陀螺仪等传感器的成本高、尺寸大,随着微机电系统技术的发展,这些传感器的尺寸、质量、成本都显著降低,使航迹推算法可以在机器人定位中得以应用。根据选取传感器的不同,航迹推算法又可分为基于惯性传感器的惯性导航法和基于编码器的测距法。

(1)惯性导航法

机器人从一个已知坐标出发,在陀螺仪测得角加速度、加速度计测得线加速度后,通过对角加速度和线加速度进行二重积分可分别得到角度和位置。

(2)测距法

在机器人车轮上安装光电编码器,通过对车轮转动进行观测来计算机器人移动的距离,从而实现位姿跟踪。

相对定位方法假定初始位姿是已知的,根据以前的位姿对当前位姿进行估计与更新,在不需要外界参考的情况下可以提供较高的定位精度。但由于相对定位在本质上是一个累加过程,观测量以及计算值的误差都会累加,定位精度会下降,因此只适用于短时间或短距离的位姿跟踪。

针对相对定位方法具有误差累加这一缺陷，可以在航迹推算法的基础上采用一些绝对的信息来限制定位的不确定性。例如，利用先验的环境地图，通过传感器对环境进行观测，并与环境地图进行匹配，可以实现机器人的精确定位。除此之外，航迹推算法也可与全球定位系统（Global Positioning System，GPS）相结合，构成 DR-GPS 定位系统。GPS 能够迅速、全天候地提供高精度的三维位姿、速度和时间信息。当机器人行驶在城市高楼区、林荫道、立交桥或涵洞隧道中时，由于卫星信号受到遮挡，GPS 接收机无法给出定位或定位精度很差。通过组合定位技术，把两种具有很强互补性的定位系统有机结合起来，综合利用两种定位技术的优点，可以获得单独使用一种定位技术无法达到的定位精确度和可靠性。

5.3.2 绝对定位技术

绝对定位又称为全局定位，完成机器人全局定位需要预先确定好环境模型或通过传感器直接向机器人提供外界观测数据，并计算机器人在全局坐标系中的位姿。目前应用较为广泛的绝对定位法主要有信标定位法、地图匹配法、GPS 定位法以及概率定位法等。

（1）信标定位法

信标定位法是指依赖于环境中已经部署的环境特征信标进行定位的方法，根据信号传输媒介的不同，信标定位法又可分为无线网络（Wi-Fi）定位法、射频识别（RFID）定位法、蓝牙定位法和视觉识别定位法等。

（2）地图匹配法

地图匹配法可分为地图事先已知以及地图未知两种情况。当地图事先已知时，机器人会利用传感器观测的环境特征构建地图，然后将构建的地图与数据库中预先存储的地图进行匹配，从而计算出机器人在全局坐标系中的位姿；当地图未知时，就变成了 SLAM 的主要研究问题，即在构建地图的同时，利用之前构建好的地图进行位姿估计。

（3）GPS 定位法

GPS 定位法是通过接收卫星发送的数据，计算出与卫星的距离并通过三点定位的方法实现机器人定位的，通常用于室外定位。

（4）概率定位法

概率定位法是指基于概率地图的定位，用概率论来表示不确定性，将机器人的定位表示为对所有可能的机器人位姿的概率分布。

① 马尔可夫定位（Markov Localization，ML）。机器人通常不知道自身所处环境的确切位姿，而是用一个概率密度函数来表示机器人位姿的，它由一个可能在哪里的信任度并通过跟踪任意概率密度函数来跟踪机器人的信任度状态。信任度是指机器人在整个空间的概率分布，信任度值的计算是马尔可夫定位的关键。地图采用的是栅格地图，机器人的外部环境被划分为很多网格，每个网格的信任度在0~1之间，表示机器人在该网格的信任度，所有网格的信任度之和为1。

② 卡尔曼滤波定位。卡尔曼滤波定位是马尔可夫定位的特殊情况，卡尔曼滤波定位不使用任何概率密度函数，而是使用高斯分布来表示机器人的信任度、运动模型和观测模型的。高斯分布可简单地由均值和协方差来定义，在预测和观测两个阶段进行参数更新。

由于单一传感器所带来的观测数据具有局限性，所以通常会使用多传感器同时进行定位。对多信息的获取、表示及其内在联系进行综合处理和优化的技术就是信息融合技术。目前，基于概率模型的信息融合技术有粒子滤波、最大似然估计、隐马尔可夫模型和扩展卡尔曼滤波（Extended Kalman Filter，EKF）等。

5.4　即时定位与地图构建的研究方法、现状及方向

即时定位与地图构建（SLAM）的目的是通过一个已构建的地图来完全自主地回答"我在哪里？"这个问题。当一个机器人（实际上也可以是传感器）观测自身周围的环境时，如果环境是已知的，那么可以从环境中得到机器人的位姿（位置和方向），这称为定位。相反，如果已知机器人的位姿，那么可以在一个全局坐标系中将从环境中获得的环境特征聚合起来，这称为建图。然而，在既不知道环境信息也不知道机器人位姿的情况下，要通过相同的数据将两者同时估计出来，这就是所谓的SLAM。

SLAM的研究始于机器人社区[30]，目的是让一个轮式机器人穿越平坦的地面，一般是通过将传感器观测量（如来自激光雷达或超声波传感器）、控制输入（如转向角）和机器人的状态（如车轮旋转计数）信息组合来实现SLAM的。这体现了SLAM中的许多核心问题，例如构建一致且准确的地图，

以及充分利用多个不可靠的信息源。

目前主流的 SLAM 算法按照传感器来划分，主要有两大方向，分别是基于激光雷达的 SLAM 算法和基于视觉的 SLAM 算法。基于激光雷达的 SLAM 算法通过激光雷达获得环境特征，在进行处理后可得到环境地图，并确定机器人的位姿，从而完成 SLAM 建图与定位。基于视觉的 SLAM 算法则根据所采用的相机类型可分为单目、双目以及 RGB-D SLAM 算法。单目 SLAM 算法成本低廉，仅需要加上编码器或者惯性传感器就能完成 SLAM，其缺点是精度依赖里程计，很容易造成误差的累加。双目 SLAM 算法是通过双目相机之间的视差来计算图像的深度的，与单目 SLAM 算法不同的是，双目 SLAM 算法不依赖其他传感器就可以获得地图的具体信息，但该算法的每两帧之间需要多次遍历所有的像素点，而且需要进行多次匹配，所以计算量巨大。RGB-D SLAM 算法是通过结构光等光学原理来获得图像中每个像素的深度信息的，可以直接得到环境特征，十分方便。但由于像素的深度信息经常会附带一些噪声，需要在后期对直接观测到的深度信息进行一些优化，RGB-D SLAM 算法的成本相对单目 SLAM 算法和双目 SLAM 算法来讲会高一些，但相对激光雷达来讲，成本仍然十分低廉。

随着对 SLAM 的深入研究，目前 SLAM 系统主要分为三个部分，分别是前端、后端和回环检测。前端的功能是根据传感器的观测数据估计机器人的位姿，常用的传感器有深度摄像机和激光雷达，当然还有其他的传感器，如超声波传感器和惯性传感器等。后端的功能是对前端估计出的机器人位姿进行优化，消除噪声的影响，使得结果达到全局一致。回环检测的功能是解决位姿漂移问题，在位姿估计的每一步中都含有误差，这些误差不断累加就会变得很大，通过回环检测可以在机器人回到原点时修正位姿信息。SLAM 系统的三个主要部分及方法分类如图 5-7 所示。

SLAM 中还存在重定位（Relocation）问题，该问题是指给定环境地图，在没有其他先验信息的情况下，机器人依靠自身传感器的观测数据确定它在环境地图中的位置。重定位问题通常也被称为初始定位（First Location）、全局定位（Global Location）或绑架机器人（Kidnapped Robot）问题。重定位可用于以下几种情况：当机器人"迷路"（Lost）时，重新开始 SLAM 过程；从较大的定位误差中恢复过来；安全地结束较大的循环。当没有 GPS 信号时，重定位是唯一可用的方法。

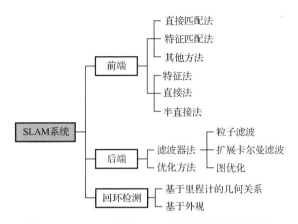

图 5-7　SLAM 系统的三个主要部分及方法分类

我们可以将机器人的定位建图问题看成一个状态估计问题，运动方程和观测方程的具体形式，以及噪声服从何种分布，都与该问题有着密切的联系。通常，观测方程和运动方程可分为线性方程和非线性方程，噪声可分为服从高斯分布的噪声和不服从高斯分布的噪声，因此状态估计问题可分为线性/非线性和高斯/非高斯系统。其中线性高斯（Linear Gaussian，LG）系统最为简单，其最优无偏估计可由卡尔曼滤波器（Kalman Filter，KF）给出。而在复杂的非线性高斯系统中，通常可以采用两种方法求解：非线性优化和扩展卡尔曼滤波器（EKF）[31]。

在早期的 SLAM 算法中，主要以扩展卡尔曼滤波器为主，并基于扩展卡尔曼滤波器产生了最初的实时视觉 SLAM 系统。一般情况下，扩展卡尔曼滤波器会先将系统线性化，然后通过预测和更新两个步骤求解。尽管扩展卡尔曼滤波器的功能很强大，但它也有难以克服的缺点，如线性化误差和噪声高斯分布的假设。为了克服这些缺点，人们开始使用粒子滤波器[32]（Particle Filter）等其他改进的滤波器，除此之外还引入了非线性优化的方法。主流的视觉 SLAM 通常采用图优化（Graph Optimization）的方法来进行状态估计，这种方法将 SLAM 问题抽象成一个图，通过不断优化图中的节点来尽可能满足位姿的约束条件。

5.4.1　基于卡尔曼滤波器和扩展卡尔曼滤波器的研究方法

根据运动方程和观测方程是否为线性的，我们可以将 SLAM 系统分为线性系统和非线性系统。

1. 卡尔曼滤波器与线性高斯系统

1960年美国学者鲁道夫·卡尔曼（Rudolf Emil Kalman）首次提出了卡尔曼滤波器，它是一种基于线性系统的递归滤波器，其核心思想是对当前时刻目标的状态和当前时刻雷达的观测数据进行最优估计。应用卡尔曼滤波器时，要求系统必须是线性高斯系统。线性高斯系统是指运动方程和观测方程均可由线性函数来描述，并且方程中的状态量、观测量和随机噪声均服从高斯分布。

这里我们省略推导过程，直接给出卡尔曼滤波器的工作过程。

① 预测过程：根据机器人前一时刻的状态预测当前时刻的状态和状态估计的协方差矩阵。

② 观测过程：根据机器人当前时刻的状态，获得传感器的观测量。

③ 求解滤波增益矩阵。

④ 状态更新：不断地交替进行预测和更新，即可得到当前时刻的最优估计。

卡尔曼滤波器根据预测量和观测量两个高斯分布的协方差确定权重，然后将其二者加权融合为一个高斯分布。

2. 扩展卡尔曼滤波器与非线性系统

前面我们讲到，只有线性高斯系统才能应用卡尔曼滤波器，但是在实际应用中，大部分的情况都不满足线性高斯系统这个条件。服从高斯分布的随机变量经过线性变换后仍然服从高斯分布，但是经过非线性变换后则不再服从高斯分布，这种情况下不再适用卡尔曼滤波器。

当系统不再是线性系统时，我们就不能继续使用线性函数来描述运动方程和观测方程，而应当使用非线性函数来描述运动方程和观测方程。

为了能够在非线性系统中继续使用卡尔曼滤波器，我们需要将运动方程和观测方程进行局部线性化，即将方程在某个点附近进行一阶泰勒级数展开，然后将线性化后的方程代入卡尔曼滤波器中进行计算，我们称之为扩展卡尔曼滤波器。

另外，在非线性系统中还可以使用无迹卡尔曼滤波器（Unscented Kalman Filter，UKF，也称为无损卡尔曼滤波器）。无迹卡尔曼滤波器采用基于无损变换（Unscented Transformation，UT）的最小方差估计方法，无损变换通过选取一组权重不同但能够表征随机状态变量统计特性的代表点（称为Sigma点），将这些代表点代入非线性函数进行处理后，重构出新的统计特性（如均值和方差）。将无损变换得到的均值、估计方差和观测方差代入卡尔曼滤波器的迭代过程中，就构成了无迹卡尔曼滤波器。无迹卡尔曼滤波器和扩展卡尔曼滤波器一样，都是递归的最小均方差估计器。由于扩展卡尔曼滤波器只用了非线性函数泰勒级数展开式的一阶近似项，对于高阶非线性的问题将会有较大的估计误差。和扩展卡尔曼滤波器不同的是，无迹卡尔曼滤波器并没有对非线性函数进行近似，它通过无损变换得到的Sigma点来近似状态向量的概率分布，并且Sigma点的均值、方差将和状态向量完全一致，对于任意的非线性函数都可达到二阶近似，只会引入三阶以上的误差，因此滤波效果比扩展卡尔曼滤波器更好。

尽管基于扩展卡尔曼滤波器的SLAM算法是一种使用广泛且经典的算法，但在实际的定位场景中，噪声一般并不符合高斯分布，因此仍然会出现不一致的现象。扩展卡尔曼滤波器很难解决这一问题，并且它的计算复杂度较高，这就限制了基于扩展卡尔曼滤波器的SLAM方法在较大环境下的应用。近年来国内外许多学者都在这些方面进行了诸多改进和研究，考虑了对一致性产生影响的因素，如模型误差、线性化误差等，粒子滤波器便是应运而生的一种滤波方法。

5.4.2 基于粒子滤波器的研究方法

粒子滤波器采用的是一种序列蒙特卡罗方法（将采样粒子的状态平均得到滤波结果）。

粒子滤波器的状态空间模型可以是非线性的，其噪声分布也不必限定于高斯分布。粒子滤波器用每个粒子表示当前时刻的机器人位姿，同时也表示与机器人经过的路径相关联的环境特征。粒子滤波器的另一个重要特点是用一系列的粒子来模拟机器人状态的概率分布，这在很大程度上影响着算法的一致性。在重采样过程中，权重（可以理解为机器人位姿与地图的匹配度）低的粒子将被去除，它们所代表的机器人位姿和地图估计也会随之消失，这会产生一个严重的问题：地图的多样性将逐渐减小，进而影响了算法的一致性。

粒子滤波器的主要思想是用一系列的粒子来模拟机器人可能的分布位姿，使用观测模型计算每个粒子的权重（权重越大的粒子越接近机器人的真实位姿），然后根据权重对粒子进行重采样，并且不断更新粒子的状态和权重。粒子滤波器是贝叶斯估计器的一种实现方式，可以应用于非线性系统，并且在多峰分布的情况下能够进行全局定位，从而获得较好的结果。

上述过程可用式（5-7）表示：

$$X = \{(x_t^i, w_t^i) | i = 1, \cdots, n\} \quad (5\text{-}7)$$

式中，x_t^i 表示一个状态的假设，即机器人的位姿；w_t^i 表示假设的权重，是指机器人位姿和地图的匹配度。

粒子滤波器的工作过程如下：

① 粒子采样：根据提议分布对粒子群进行采样。

② 评估每个粒子的权重：并不是每个粒子都有用，粒子滤波器会对每个粒子进行打分，通过观测模型计算每个粒子的权重，并进行归一化处理。

③ 根据权重进行重采样：当粒子群的离散程度较大时，权重低的粒子会被去除，权重高的粒子被复制成多个粒子，这使得粒子集能够持续保持在最优状态。

尽管粒子滤波器应用广泛，但在实际应用中仍然存在很多问题，尤其是当粒子数量很多时，计算高维状态空间的概率分布需要用到大量的采样粒子，并且随着空间维数的增加计算量会成指数级增长，产生维数灾难。为了解决这个问题，凯文·墨菲（Kevin P. Murphy）、阿诺·杜塞（Arnaud Doucet）等人将 Rao-Blackwellized 粒子滤波器（Rao-Blackwellized Particle Filter，RBPF）作为一种解决 SLAM 问题的新算法。简而言之，就是针对高维状态空间，仍然使用扩展卡尔曼滤波器计算线性高斯模型状态的概率分布，对非线性高斯状态模型的概率分布则使用粒子滤波器进行计算。

RBPF SLAM 算法假设环境特征之间彼此独立，机器人仅通过轨迹相关联，可以将 SLAM 问题分解成两个独立的过程：机器人的定位和基于已知机器人位姿的建图。用粒子滤波器来估计机器人的位姿，然后通过给定机器人位姿和传感器的观测数据进行地图构建，即一个粒子包含机器人的轨迹和对应的环境建图两个信息。这种思想来源于 FastSLAM 1.0 算法和 FastSLAM 2.0 算法，其中 FastSLAM 2.0 算法是对 FastSLAM 1.0 算法的优化改进。这种分解使得 RBPF SLAM 算法的计算复杂度 $O(Nn)$（N 为粒子数）大大降低，使得其

与环境特征个数 n 成线性关系，而基于扩展卡尔曼滤波器的 SLAM 算法的计算复杂度为 $O(n^2)$。

针对粒子滤波器中出现的其他问题，FastSLAM 2.0 算法也提出了相应的改进算法。在重采样过程中，由于每一次进行重采样都有一定的随机性，因此随着采样次数的增加，粒子的多样性会被耗散掉，即最终所有的粒子都是由一个或少数的几个粒子复制而来的，这就是粒子滤波器中普遍存在的退化问题。FastSLAM 2.0 算法提出的优化算法采用有效粒子数，有效粒子数的大小决定是否需要重采样，当有效粒子数较小时，说明退化现象较严重，这时就需要进行重采样。优化后的算法极大地减少了重采样次数，缓解了粒子滤波器中的退化问题。

另外，由于每个粒子都包含对应的栅格地图，因此对于规模较大的环境，粒子会占用较多的内存。如果机器人中的里程计误差比较大，即提议分布与实际分布偏离较大，则需要较多的粒子才能较好地表示机器人位姿的后验概率分布，这样就会占用较多的内存，严重影响机器人定位和建图的实时性。因此，如何减少建图所需的粒子数是基于粒子滤波器的 SLAM 算法的主要难点。

5.4.3　基于图优化的研究方法

随着 SLAM 问题的研究越来越深入，较大规模实验环境下的地图越来越大，各种新型传感器的观测信息急剧增多，传统的 SLAM 算法在内存消耗和计算量上出现了明显的问题。而基于图优化的 SLAM 算法在高精度建图上取得了很好的效果，成为目前在 SLAM 问题上研究的热点。图 5-8 所示为基于图优化的 SLAM 框架，主要分为前端（Front-end）和后端（Back-end）两部分。前端主要研究帧间关系，在相邻帧间寻找对应关系进行匹配，得到机器人的位姿信息，并与利用惯性测量单元（Inertial Measurement Unit，IMU）提供的位姿信息进行融合。后端主要是对前端得到的结果进行优化，利用滤波理论（如 EKF、UKF、RBPF 等）或优化理论（BA、G2O 等），最终得到最优的位姿估计，构建高精度的地图。

图优化是用图（Graph）解决优化问题的一种方法，用一个图来表示 SLAM 问题。在基于图优化的 SLAM（Graph-based SLAM）算法中，一个图由若干个顶点（Vertex）和连接顶点的边（Edge）组成，图中的顶点表示机器人的位姿，两个顶点之间的边表示两个位姿的空间约束（即误差）。图优化的目标就是通过不断调整顶点的位姿使其最大限度地满足空间约束关系。

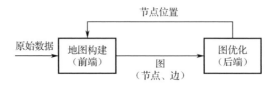

图 5-8　基于图优化的 SLAM 框架

图优化的观测过程如图 5-9 所示，当前的位置在 x_i 处，从这里观测 x_j 点，得到一个观测值 z_{ij}，但 z_{ij} 与实际位置 x_j 存在一定的误差，这个误差就是 $e_{ij}(x_i,x_j)$，Ω_{ij} 表示方差。图优化的目标就是不断优化 $e_{ij}(x_i,x_j)$，使其最小。常用的优化方法有基于最小二乘的优化、基于松弛技术的优化和流形优化等。

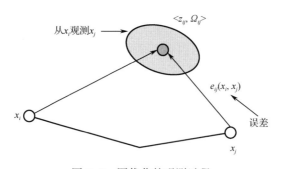

图 5-9　图优化的观测过程

5.4.4　SLAM 的研究现状

近十年来，SLAM 发展迅速，多种 SLAM 算法已得到成功实践，硕果累累。其中，主要的工作是在保证一致、精确的地图估计及机器人位姿估计的前提下，提高算法的计算效率；其次，在诸如数据关联、非线性系统等方面也得到了许多研究者的关注，这些方面的研究对于得到实用、稳定的 SLAM 算法也至关重要。本节将对 SLAM 的三大关键研究领域（计算复杂度、数据关联及环境表示）的研究现状进行介绍。

1. 计算复杂度（Computational Complexity）

基于状态空间的 SLAM 实际上是一个联合状态向量的估计问题，该联合状态向量包括机器人位姿及观测到的静态环境特征的位置。在特殊的结构中，过程模型（Process Model）只影响机器人位姿，而观测模型（Observation Model）只和单个机器人位姿、环境特征有关。针对这种特殊的结构，大量方法被用于降低 SLAM 算法的计算复杂度。根据能否得到一致的估计结果，这些算法被分为两类，即最优算法（Optimal Methods）和保守算法（Conservative Methods）。最优算法虽然增加了计算复杂度，但能得到与完全形式 SLAM（Fullform SLAM）算法相同的结果；而保守算法将导致较大的估计协方差，是一类近似算法，得不到一致的结果。尽管保守算法不够精确，但由于其较高的计算效率而在实际中普遍使用。

计算复杂度高一直是 SLAM 的难题之一。针对 SLAM 的结构，可以从以下几个方面来降低计算复杂度。

（1）分割更新方法（Partioned Update）

在一般的 SLAM 算法中，每次得到观测数据后需要对整个包含机器人位姿及地图的状态向量进行更新。在基于扩展卡尔曼滤波器的 SLAM 算法中，更新过程的计算复杂度与环境特征个数成二次方关系。当环境特征个数较多时，计算量庞大。于是，分割更新方法便应运而生，它的基本思路是每次对一个较小的局部地图进行更新，而以较低的频率对全局地图进行更新。分割更新方法一般都是最优方法。

分割更新方法有两种：第一种是在全局坐标系下对全局地图的局部区域进行操作，这种方法有压缩 EKF 算法（Compresses EKF）[33]和延迟算法（Postponement Algorithm）[34]；第二种是产生一个短期的子地图，并在它自己的局部坐标系中操作，这种方法有约束局部子图滤波器（Constrained Local Submap Filter，CLSF）算法[35]和序列局部地图算法（Sequencing Local Map Algorithm，SLMA）[36]。由于 SLMA 在子地图局部坐标系中进行高频率操作，相对而言更简单，避免了庞大的全局协方差矩阵计算，并且受线性化误差的影响较小，有更高的稳定性。

（2）稀疏信息滤波器（Sparse Information Filter）

在基于扩展卡尔曼滤波器的 SLAM 算法中，状态向量被认为是服从高斯分布的，状态向量的估计值和估计协方差也就是高斯分布的均值及方差。基于扩展卡尔曼滤波器的 SLAM 算法的计算复杂度与环境特征个数成二次方关系，这使得该算法只能在一般不超过上百个环境特征的较小范围内应用。因此，研究一种计算量可随地图大小进行增减的 SLAM 算法成为了一个难题。

塞巴斯蒂安·特伦（Sebastian Thrun）[36,37]通过经验观察发现，基于扩展卡尔曼滤波器的SLAM算法中的协方差矩阵的逆矩阵（信息矩阵，Information Matrix）中的许多非对角元素都很小（接近于0），具有近似的稀疏性（Sparseness）。利用这一点，他提出了稀疏扩展信息滤波器（Sparse Extended Information Filter，SEIF）。随后，马克·帕斯金（Mark A. Paskin）[39]提出的薄连接树滤波器（Thin Junction Tree Filter，TJTF）、乌多·弗雷塞（Udo Frese）提出的树地图滤波器（Treemap Filter，TF）都是基于SEIF的，且都采用扩展卡尔曼滤波器的信息形式（Information Form，也称为规范形式，Canonical Form），并能够用一种图形模式形象地表示。TJTF和TF的主要缺点是它们不能对循环的环境进行建模，并且没有给出数据关联的方法。SEIF能够有效地表示循环环境，是目前主流的SLAM信息滤波算法，它的更新过程计算时间是确定的，不随环境特征个数的变化而变化。

SLAM的信息矩阵中表示两个环境特征相关性的非对角元素随两个环境特征间的观测距离成指数衰减，这表明了两点：一是确认了这种通过稀疏信息矩阵来节省计算时间的方法；二是暗示了地图估计的整体不确定性是由沿机器人路径的局部不确定性组合而造成的。

尽管信息滤波的稀疏性很有吸引力，但在实际应用时依然存在缺点。在实际应用时，每个时间步都需从信息形式恢复状态向量的估计均值及方差，因为在对过程模型及观测模型进行线性化时需要用到估计均值，在数据关联过程中也要用到估计均值及方差。该过程的计算量很大，计算复杂度与环境特征个数成三次方关系。

（3）子地图方法（Submap）

子地图方法有两种基本形式：全局子地图（Global Submap）（见图5-10）和相对子地图（Relative Submap）（见图5-11）。在全局子地图中，所有子地图都有一个共同的全局坐标系。而在相对子地图中，子地图相互记录彼此近邻的其他子地图的相对位姿。两种子地图的共同之处是每一个子图中都定义了局部坐标系，并且对近邻的环境特征的位置在该局部坐标系中进行估计。在每一个子图中，都采用标准的、最优SLAM算法来计算，所有的子地图以多层结构组成了一个计算效率较高的、次优的全局地图。

采用全局子地图的算法有相对特征表示（Relative Landmark Representation，RLR）算法[40]及常数时间SLAM（Constant Time SLAM，CLS）

算法[41]。RLR 算法的计算复杂度和环境特征个数成线性关系，CLS 算法的更新时间为一常数，但它们只能得到保守的全局地图估计。

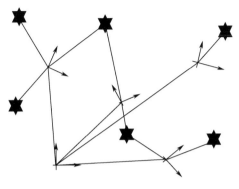

图 5-10　全局子地图

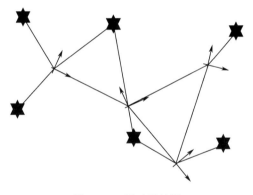

图 5-11　相对子地图

与全局子地图不同，相对子地图没有共同的参考坐标系。每一子地图的位置只记录在与它邻近的子地图中，它们彼此相连形成了一个地图网络。相对子地图的优点是能得到最优的局部地图且计算量与全局地图的大小无关。由于相对子地图采用的是局部地图更新，因此有更高的计算稳定性及更小的线性化误差。

2. 数据关联（Data Association）

数据关联是指建立传感器观测量与其他数据之间的关系，以确定它们是否有一个公共源的处理过程。几乎所有的状态估计算法都会遇到数据关联的问题。在 SLAM 中，数据关联用来建立观测量与地图中已有环境特征的关系，但是由于机器人位姿的不确定、环境特征个数的变化、环境中动态目标的干扰，以及观测中虚假成分的存在，使得数据关联是一个非常困难、复杂的过程。与简单的定位不同，SLAM 对数据关联非常敏感，错误的数据关联不仅会影响机器人的定位，还会改变构建的地图，直接导致算法不一致及发散（Inconsistency and Divergence）。

数据关联包含以下两个基本的方面：

① 用来检验传感器观测数据与环境特征相容性（Compatibility）的条件。

② 从满足相容性的环境特征中挑出最佳匹配的选择标准。

在早期的 SLAM 算法中，应用最广泛的数据关联算法是最近邻（Nearest Neighbor，NN）数据关联算法[42]，它是跟踪问题中的一种经典方法。NN 数据关联算法采用归一化的信息协方差（即 Mahalanobis 距离）作为相容性检验的条件，然后选择 Mahalanobis 距离最短的环境特征作为最佳匹配。NN 数据关联算法的计算复杂度为 $O(mn)$，其中 m 和 n 分别为观测的传感器个数及环境特征的个数。虽然 NN 数据关联算法易于实现，但由于它采用的是独立相容（Individual Compatibility，IC）检验，因此只适用于传感器精度较高、混乱程度较低的环境。

联合概率数据关联（Joint Probabilistic Data Association，JPDA）算法能够在不确定性较高的环境中表现出比 NN 数据关联算法更高的可靠性。JPDA 算法认为所有满足相容性检验的观测都可能源于环境特征，并根据大量的相关计算给出各概率加权系数及其加权和，然后用它们更新状态。该过程计算量较大，并且可能影响环境特征的识别或区别信息，在 SLAM 算法中运用较少。

多假设跟踪（Multiple Hypothesis Tracking，MHT）数据关联算法可用于大规模的复杂环境。在 MHT 数据关联算法中，每一个数据关联假设都会产生独立的轨迹跟踪，形成一个不断增大的假设树（Hypothesis Tree）。但跟踪假设的数目受到计算资源的限制，同时将不大可能的跟踪假设从假设树中剪除。自从 MHT 数据关联算法应用于地图构建问题后，它便很快应用于 SLAM。在 FastSLAM 算法中，由于每一个粒子都有独立的地图估计，因此非常适合采用 MHT 数据关联算法进行数据关联，拥有错误数据关联的粒子将在重采样过程中被去除。MHT 数据关联算法的主要缺点在于假设数目随时间成指数增长，不太适合于实时的应用。

联合相容分支定界（Joint Compatibility Branch and Bound，JCBB）算法[43]

是一种著名的 SLAM 数据关联算法。与其他数据关联算法相比，JCBB 算法在进行数据关联时考虑了机器人位姿与环境特征之间的相关性，在混乱的、包含动态目标的环境下，依然能得到可靠的数据关联。另一种基于联合相容的数据关联方法为组合约束数据关联（Combined Constraint Data Association，CCDA）算法，它是一种图搜索算法，也是 JCBB 算法的一个变种，可以在不知道机器人位姿的情况下进行可靠的数据关联。联合相容的数据关联算法需要不断地计算联合相容性，即判断归一化的联合信息方差是否满足检验条件。整个过程的计算量与观测的数目成指数关系。当它应用在较密集的环境中时，在很多时刻得到的观测数据会比较大，使得计算量大大增加，影响实时应用。

3. 环境表示（Environment Representation）

在早期的 SLAM 算法中，认为环境可用一系列离散的环境特征来描述，这些环境特征可由简单的几何原型（如点、线、面）来近似。但是，在更加复杂、非结构的环境中，如室外、地下、水下等，这种方法很难完全适用。

（1）延时地图构建（Delayed Mapping）

环境建模的方式取决于环境的复杂度及感知环境的方式。常见的两种基本的感知方式为声呐及视觉，超声波传感器能得到精确的距离，但是方位误差较大；单个摄像头能得到精确的方位，但是没有距离信息。只有距离或方位信息不足以确定一个环境特征的位置，需要机器人多个位姿的多个观测量才能确定环境特征的位置。单个观测量产生了一个非高斯分布的环境特征位置，而多个观测量则产生了一个近似高斯分布的环境特征位置。

为了得到近似高斯分布的环境特征位置估计，可以采用延时初始化，并在延时的时间内积累观测量的数据。这种延时策略通过积累数据，延时做出决策，以提高鲁棒性。为了保证延时数据的一致性，需要在状态向量中以增广的方式记录每一观测时刻的机器人位姿，并采用一个辅助向量来记录对应每一个机器人位姿的观测量。在一段时间间隔内，一旦收集到足够的数据，环境特征位置便可被初始化，同时记录机器人位姿。如果此时没有相关联的有用观测量，便可将观测量从状态向量中去除。

（2）任意形状的环境特征地图

在 SLAM 中的环境特征地图一般是用简单的几何原型（如点、线、面）来表示环境特征的。有研究人员将任意形状的环境特征引入 SLAM 中，他们在任意形状的环境特征中定义了原点及坐标系，并用一辅助形状模型来描述其外形，特征模型如图 5-12（a）所示。当机器人观测到环境特征时，其观测模型需要和观测数据进行对准，观测模型如图 5-12（b）所示。在 SLAM 中，用环境特征坐标系原点的位置来表示环境特征位置，而整个地图由一系列这种环境特征坐标系的位置组成，地图估计如图 5-12（c）所示。在进行计算时，环境特征位置的估计和外形参数的估计是分开进行的，这使得原有的 SLAM 算法在这种情况下也能正常使用。

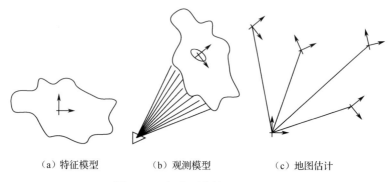

（a）特征模型　　　（b）观测模型　　　（c）地图估计

图 5-12　任意形状特征的 SLAM

(3) 三维 SLAM

三维 SLAM 是对二维 SLAM 的扩展。目前，SLAM 大多局限于二维环境的研究与应用，而现实中的环境通常是三维的，将 SLAM 的研究与应用扩展到三维环境具有重要的意义。

三维 SLAM 的复杂性远大于二维 SLAM。首先，三维 SLAM 需要更复杂的机器人运动模型；其次，环境的感知及环境特征模型也更加复杂。现有的三维 SLAM 一般有以下三种方式。第一种方式是在二维 SLAM 的基础上简单地加上第三维信息，例如，在水平扫描激光雷达 SLAM 的基础上加装一个垂直扫描的激光雷达，可得到一个水平面和垂直面的环境信息，这种方法比较适合机器人在一个平面上运动的情形。第二种方式是直接获取三维环境信息，然后提取离散的环境特征。第三种方式与前两种方式在处理上有较大的差别，它在机器人的历史位姿加入状态向量，在每一个位姿时刻，都有与之对应的通过传感器得到的状态向量。

(4) 基于机器人轨迹的 SLAM（Trajectory-based SLAM）

在一般的 SLAM 算法中，都是对包含机器人位姿及环境特征位置的联合状态向量进行估计的。该联合状态向量可表示为 $X_k = [X_k^{vT}, X_k^{mT}]^T$，其中，$X_k^v$、$X_k^m$

分别为机器人 k 时刻的位姿及地图，T 表示转置。近几年，一种不同的 SLAM 结构开始流行起来，它用机器人轨迹向量来代替联合状态向量，即 $X_k = [X_k^{\mathrm{T}}, X_{k-1}^{\mathrm{T}}, \cdots, X_1^{\mathrm{T}}]^{\mathrm{T}}$。此时，地图不再是联合状态向量估计的一部分，联合状态向量以一种辅助数据集的形式存在。这种结构导致无法得到明确、直接的地图估计，只能得到对应每一时刻机器人位姿的观测数据，这些观测数据要组合起来才能得到全局地图。

基于机器人轨迹的 SLAM 比较适合离散环境特征难以提取，而整个感知数据对准、排列更加容易、可靠的环境，其缺点在于联合状态向量维数及需存储的观测数据随时间无限制地增加。

（5）动态环境

真实的环境是动态的，有许多物体的运动，如人的走动、桌椅的移动、汽车的移动等。在动态环境中，SLAM 算法需要以某种方式来处理移动的物体，需要将移动的物体检测出来然后忽略它们或将移动的物体作为动态环境特征进行跟踪，但决不能把一个移动的物体当成静态环境特征加入地图中。

5.4.5　SLAM 的研究方向

近十年来，SLAM 发展迅速，在计算效率、一致性、鲁棒性等方面取得了令人瞩目的进展，促进了 SLAM 的理论研究及实际应用。毫无疑问，今后的研究将致力于将 SLAM 成功地应用于大规模、动态的环境中，如机器人在大城市中自主穿越上百千米，火星探测器在火星表面能够精确地定位与建图等。这使得 SLAM 还需要在以下几个方面进行研究。

（1）提高传感器的环境感知能力

目前，许多 SLAM 算法只采用了单传感器来观测周边环境信息，采用多传感器数据融合技术可以提高传感器的精度，例如将视觉传感器、里程计所估算出的位姿与惯性传感器进行积分获得的位姿相融合，获得一个没有漂移误差且采样率较高的位姿信息，实现两种传感器的优势互补。

（2）探索更有效的 SLAM 算法

现有的 SLAM 算法都不是很完善，可以将人工智能、智能控制等领域的方法引入 SLAM 中，开发更有效的 SLAM 算法。例如，针对机器人集群的多智能体协同 SLAM 算法、与深度学习相结合的语义 SLAM 算法等。

（3）开发更好的地图表示方式

开发更好的地图表示方式，特别是复杂环境中的地图表达方式是值得研究的问题。

（4）改进 SLAM 算法的实时性

当前的各种三维 SLAM 算法仍然需要大量的计算资源进行位姿的计算，难以保证系统的实时性。减小 SLAM 算法的计算时间以及计算资源，使其能够在小型化、低成本的设备上工作，也是未来 SLAM 需要解决的一个问题。

第 6 章
路径规划

路径规划是机器人技术的主要研究内容之一。所谓路径规划，是指在起点和终点之间获取一条最优路径以完成某项任务，在获得路径的过程中需要经过一些必须经过的点，且不能触碰到障碍物。路径规划主要包含两个步骤：建立包含障碍物的环境地图；在环境地图中选择合适的路径搜索算法，快速、实时地搜索可行路径。

本章主要讲述两个内容，即地图构建和路径规划。6.1 节详细地介绍路径规划中的常用地图；6.2 节概述性地描述全局路径规划和局部路径规划中的常用算法；6.3 节详细地介绍三种较为常用的全局路径规划算法；6.4 节详细地介绍在非结构化道路中常用的两种算法。

6.1 环境地图的表示

环境地图对环境边界分布、走向、衔接关系、属性和环境内障碍物位置等方面进行表述，并给出它们的相互依存关系，以及在整个环境中所处的地位与担当的角色。在基于规划的中心决策模式中，环境模型是路径规划与导航监控等模块得以顺利进行并取得发展的前提与基础。机器人可能涉足的环境有结构、半结构和非结构三种类型，而这些不同类型的环境又具有很多截然不同的特性，当前还没有找到具有同时兼顾三种类型环境的问题处理能力、使用灵活、简便有效的方法。根据不同的表示形式，环境地图可分为拓扑地图、度量地图和混合地图等，如图 6-1 所示。

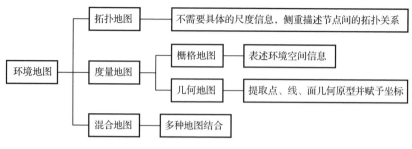

图 6-1 环境地图分类

6.1.1 拓扑地图

拓扑地图是一种量化图,它是由专题地图演变而成的,具有地图与统计图之间的过渡性特点。"拓扑地图"是从拓扑学中引用的名称。拓扑学是几何学中的一个分支,它研究几何图形在连续改变形状时还能保持不变的一些特点,只考虑物体之间的位置关系,而不考虑它们的距离和大小。拓扑地图也具有上述特点,因此有人将拓扑地图称为相对位置地图。

拓扑地图的示例如图 6-2 所示。拓扑地图是指地图学中一种统计地图,一种保持点与线相对位置关系正确,而不一定保持图形的形状、面积、距离、方向的抽象地图。这里的点指的是节点。节点是指环境中的重要位置点,例如,不同通道之间交叉区域的几何中心点或只有一个出口的区域的几何中心点。可以用点与点之间的关系表示道路间的关系。

图 6-2 拓扑地图的示例

拓扑地图的优点是允许进行有效的路径规划，空间复杂度低，当拓扑地图和现实联系在一起时，不需要机器人精确的位姿信息就可以发出目标节点（终点）的信息，有利于人机交互；其缺点是在地图中难以精确地到达任意可到达的位置，而且产生的路径不一定是最优路径。

6.1.2 度量地图

度量地图采用坐标系中网格是否被障碍物占据的方式来描述环境特征。度量地图的表示方法可分为几何表示法和空间分解法。

几何表示法是利用包括点、线、面在内的几何原型来表示环境信息的，因而可以用数值来表示物体在全局坐标系中的位置。相比于其他环境地图的表示方式，几何特征地图（采用几何表示法的地图）更为紧凑，有利于位置估计和目标识别；但其缺点是环境的几何特征提取困难，如圆形特征。几何特征地图适合在环境已知的室内环境下提取一些简单的几何特征，而室外环境下几何特征提取很困难，使几何表示法的应用受到了限制。几何特征地图的典型代表有可视图、Voronoi 图，其示例分别如图 6-3 和图 6-4 所示。

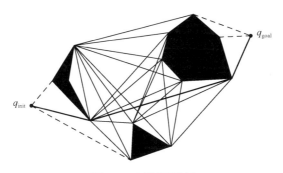

图 6-3　可视图示例

空间分解法把环境分解为类似于栅格（也可称为网格）的局部单元，根据栅格是否被障碍物占据来进行状态描述：如果栅格被障碍物占据，则称之为障碍栅格；反之，则称之为自由栅格。空间分解法通常分为基于栅格大小的均匀分解法和递阶分解法。采用均匀分解法所得到的均匀栅格地图[44]，是度量地图路径规划中最常用的表示形式。均匀栅格地图的栅格大小均匀，障碍栅格用数值表示，每个栅格都对应着坐标值。均匀分解法能够快速、直观地融合传感器信息；但它采用相同大小的栅格，会占用巨大的存储空间，使得在大规模环境下路径规划的计算复杂度很高。为了克服均匀分解法中占用巨大的存储空间的问题，递阶分解法把环境分解为大小不同的矩形区域，从而减少环境模型所占用的存储空间。递阶分解法的典型代表为四叉树分解法，其示例如图6-5所示。

图6-4　Voronoi图示例

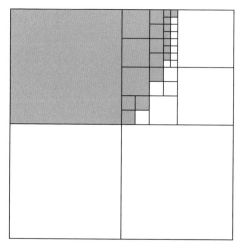

图6-5　四叉树分解法示例

6.1.3 混合地图

混合地图综合了度量地图和拓扑地图的优点，它将度量地图的高精度和拓扑地图的高效率结合起来，在不同层次采用适当的搜索算法，可以最大限度地节约计算资源。

6.2 路径规划技术

路径规划技术是机器人研究领域的一个重要分支。所谓的机器人最优路径规划问题，就是依据某个或某些优化准则，如工作代价最小、行走路线最短、行走时间最短等，在其工作空间中找到一条从起点到终点并且能避开障碍物的最优路径或者近似最优路径。

常见的路径规划有四类：第一类是在已知的环境中参照障碍物动态运行情况进行路径规划；第二类是在已知环境中参照障碍物静止位置进行路径规划；第三类是在未知环境中参照障碍物动态运行情况进行路径规划；第四类是在未知环境中参照障碍物静态位置进行路径规划。前两类路径规划又称为全局路径规划，后两类路径规划又称为局部路径规划。全局路径规划依照已获取的环境信息，给机器人规划出一条路径，路径规划的精确程度取决于环境信息的准确程度。采用全局路径规划通常可以寻找到最优路径，但需要预先知道准确的环境信息，并且计算量很大。局部路径规划侧重于考虑机器人当前的局部环境信息，让机器人具有良好的避碰能力。机器人导航方法通常采用局部路径规划，因为这些机器人仅仅依靠自身的传感器来观测环境信息，并且这些信息随着环境的变化而实时变化。和全局路径规划相比，局部路径规划更具有实时性和实用性；但其缺点是仅仅依靠局部环境信息，有时会产生局部极点，无法保证机器人顺利到达目的地。

6.2.1 全局路径规划

根据环境构建的不同，可将全局路径规划的方法分为宽度优先搜索算法、深度优先搜索算法、概率地图算法和快速扩展随机树算法等。通常，将环境构建与路径规划算法结合在一起来实现路径规划。

宽度优先搜索算法从起点开始优先搜索与其相邻且未被搜索过的每个节点，只有当同一层的所有节点都被遍历之后，才会遍历下一层的节点，其原理如图6-6所示。宽度优先搜索算法是一种盲目搜寻算法，其目的是系统地展开和检查地图中的所有节点，直到找到终点为止。

深度优先搜索算法的原理如图6-7所示。与宽度优先搜索算法不同，深度优先搜索算法从起点开始优先对下层节点进行遍历，直到节点再无后继节点（子节点）为止。

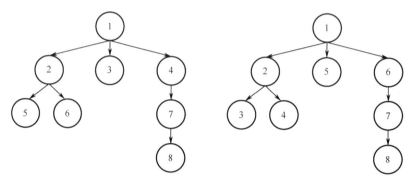

图6-6 宽度优先搜索算法的原理　　图6-7 深度优先搜索算法的原理

概率地图（Probabilistic Roadmap，PRM）算法的基本思想是：对机器人工作空间中的无障碍区域以某种概率进行大量随机采样，再将这些随机采样点按照某种规则与其近邻节点建立连接，从而构成一个拓扑地图，即Roadmap。概率地图算法示例如图6-8所示。在查询阶段，将起点q_{init}和终点q_{goal}加入Roadmap中，当起点和终点之间存在可通行的路径时算法结束。概率地图算法自提出以来，很多学者提出了改进方法。例如，一种利用人工势场算法来增加狭窄区域采样点分布的算法，有效地解决了概率地图算法在处理狭窄通道时存在缺陷的问题，通过一定的更新机制，使得采样点尽可能地均匀分布在自由空间中。

快速扩展随机树（Rapidly-exploring Random Tree，RRT）算法基于随机采样并以增量方式构建树状结构[45]，其示例如图6-9所示。该算法的特点是能够快速有效地搜索高维空间，通过随机采样将搜索树向未搜索区域扩展，以便找到一条从起点到终点的可通行路径；它适用于解决多自由度机器人或者具有微分约束的非完整性机器人在未知环境下的路径规划。针对RRT算法在路径规划时具有随机性这一问题，有人对RRT算法进行了改进，提出了

RRT*算法。RRT*算法在快速生成初始路径之后继续采样，并将树中的节点连接起来进行优化，以使得路径趋于最优。但是，RRT*算法收敛速度慢，甚至无法在有限时间内获得最优路径；为此，有学者提出了P-RRT*算法，对RRT*算法进行改进，以加快收敛速度。

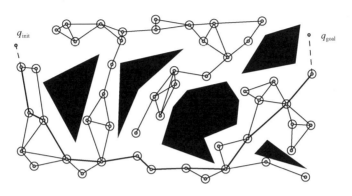

图6-8　概率地图算法示例

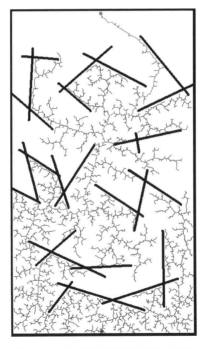

图6-9　快速扩展随机树算法示例

6.2.2 局部路径规划

局部路径规划是指在未知环境中，基于传感器观测的环境信息，使机器人自主获得一条无碰撞的最优路径。局部路径规划的方法主要包括人工势场算法、遗产算法、模糊逻辑算法、神经网络算法等。

人工势场（Artificial Potential Field）算法是由欧沙玛·哈提卜（Oussama Khatib）提出的，其基本思想是将机器人在周围环境中的运动设计成一种抽象的人造引力场中的运动，终点对机器人产生"引力"，障碍物对机器人产生"斥力"，最后通过求"合力"来控制机器人的运动。人工势场算法示例如图6-10所示。应用人工势场算法规划出来的路径一般是比较平滑且安全的，但这种算法存在局部最优解的问题。为了解决这个问题，里蒙·埃隆（Rimon Elon）、雷扎·沙希迪（Reza Shahidi）等期望通过建立统一的势能函数来解决这一问题，但这要求障碍物是规则的，否则算法的计算量很大，有时甚至是无法计算的。从另一个方面来看，由于人工势场算法在数学描述上简洁、美观，因此这种算法仍然具有很大的吸引力。人工势场算法的局限性主要表现在：当终点附近有障碍物时，机器人将永远无法到达终点。在以前的许多研究中，终点和障碍物都离得很远，当机器人接近终点时，障碍物的"斥力"变得很小，甚至可以忽略，机器人将只受到"引力"的作用而直达终点。但在许多实际环境中，往往至少有一个障碍物与终点离得很近。在这种情况下，当机器人接近终点时，它也将向障碍物靠近，如果利用以前对"引力"场函数和"斥力"场函数的定义，"斥力"将比"引力"大得多，终点将不是整个人工势场的全局最小点，因而机器人将不可能到达终点。这样，就存在局部最优解的问题，因此如何设计"引力"场问题就成为人工势场算法的关键。

虚拟力场（Virtual Force Field，VFF）算法是人工势场算法的一个变种，该算法将人工势场与确定度栅格（Certainty Grid）相结合，障碍物栅格对机器人产生"斥力"，终点对机器人产生"引力"，机器人的运动方向和速度由虚拟"引力"和"斥力"共同决定。向量场直方图（Vector Field Histogram，VFH）算法是对虚拟力场算法的改进，该算法将障碍物栅格信息转换成一维极坐标系下的直方图，通过分析直方图来得出机器人的运动方向。VFF算法和VFH算法在复杂环境中都表现出了较好的实时性以及局部避障性能。

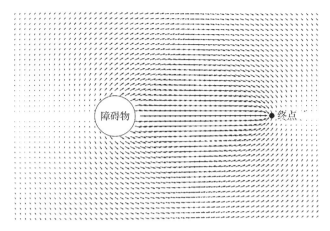

图 6-10　人工势场算法示例

遗传算法（Genetic Algorithm，GA）是人工智能领域的一个重要研究分支，是一种模拟达尔文遗传选择和自然淘汰的生物进化过程的计算模型，它的思想源于生物遗传学和适者生存的自然规律，是按照基因遗传学原理而实现的一种迭代过程的自适应全局优化概率搜索算法。通过对随机产生的多条路径进行选择、交叉、变异和优化组合，遗传算法可选择出适应值达到一定标准的最优路径。无论在单机器人静态工作空间，还是在多机器人的动态工作空间，遗传算法及其派生算法都取得了不错的规划效果。遗传算法的最大优点是它易于与其他算法相结合，并充分发挥自身迭代的优势；缺点是计算效率不高，以及进化众多的规划需要占用较大的存储空间。遗传算法的改进算法也是目前研究的热点。

模糊逻辑算法（Fuzzy Logic Algorithm）可模拟驾驶员的驾驶经验，将生理上的感知和动作结合起来，根据系统实时的传感器信息，通过查表得到规划信息，从而实现路径规划。模糊逻辑算法符合人类思维习惯，不仅免去了数学建模，也便于将专家知识转换为控制信号，具有很好的一致性、稳定性和连续性。模糊逻辑算法的缺点是模糊规则总结起来比较困难，而且一旦确定了模糊规则，会使后期在线调整变得比较困难，应变性较差。最优的隶属函数、控制规则以及在线调整方法是模糊逻辑算法的最大难题。

神经网络算法是人工智能领域中的一种非常优秀的算法，它通过模拟动物神经网络的行为，把传感器数据当成网络输入，将期望运动的方向当成网络数据输出，进行分布式并行信息处理，用一组数据来表示原始样本集，对重复和宏图的样本进行处理,从而得到最终的样本集。神经网络算法在路径规划中的应用并不成功,因为路径规划中复杂多变的环境很难用数学公式来描述,如果用神经网络算法来预测学习样本分布空间以外的点,其效果必然是非常差的。尽管神经网络算法具有优秀的学习能力,但是泛化能力差是其致命的缺点。神经网络算法的学习能力强、鲁棒性好,它与其他算法的结合应用已经成为路径规划领域的研究热点。

6.3 全局路径规划算法

6.3.1 A*算法

迪杰斯特拉(Dijkstra)算法是规划从起点到终点的最短路径的算法,解决的是有向图中的最短路径问题,其主要特点是以起点为中心向外层层扩展,每次新扩展到一个距离最短的节点后,更新与其相邻的节点之间的距离,直到扩展到终点为止。Dijkstra算法生成路径示例如图6-11所示。Dijkstra算法能得到最短路径,但由于该算法遍历的节点很多,所以效率较低。

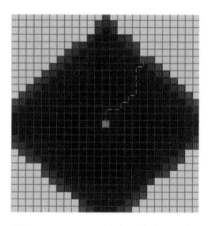

图6-11 Dijkstra算法生成路径示例

最佳优先搜索(Best First Search,BFS)算法是一种启发式算法(Heuristic Algorithm),也可以将它看成宽度优先搜索算法的一种改进。BFS算法在宽度优先搜索算法的基础上,用估价函数对将要被遍历到的节点进行估价。与宽度优先搜索算法选择离起点最近的节点不同的是，BFS 算法选择离终点最近的节点，然后选择到达终点代价小的节点进行遍历，找到终点或者遍历完所有节点后算法结束。BFS 算法生成路径的示例如图 6-12 所示。

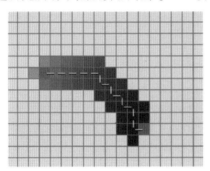 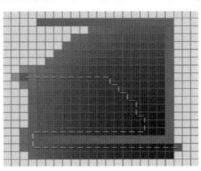

图 6-12　BFS 算法生成路径的示例

BFS 算法仅仅考虑到达终点的代价，而忽略了当前已花费的代价，不能保证找到一条最短路径。BFS 算法比 Dijkstra 算法快得多，因为它使用了估价函数快速地导向终点。

1. A* 算法原理

A* 算法是将启发式算法（如 BFS 算法）和常规算法（如 Dijkstra 算法）结合在一起的算法。启发式算法通常给出的是一个近似最短路径，不能保证是最短路径。尽管 A* 算法基于无法保证给出最短路径的启发式算法，但 A* 算法能保证找到一条最短路径。A* 算法生成路径的示例如图 6-13 所示。A* 算法是路径搜索中最受欢迎的一种算法，因为它相当灵活，并且能用于多种环境中。

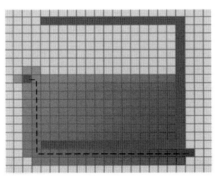

图 6-13　A* 算法生成路径的示例

A*算法可以表示为：
$$f(n) = g(n) + h(n) \qquad (6-1)$$
式中，$f(n)$是从起点经由节点 n 到终点的估价函数；$g(n)$是从起点到节点 n 的实际代价；$h(n)$是从节点 n 到终点的最短路径的估价函数。保证找到最短路径的关键在于估价函数 $f(n)$ 或 $h(n)$ 的选取。

如果 $h(n) < d(n)$，即最短路径的估价函数 $h(n)$ 小于节点 n 到终点的实际路径 $d(n)$，那么搜索的节点多、范围大、效率低，但能得到最短路径。

如果 $h(n) = d(n)$，即最短路径的估价函数 $h(n)$ 等于节点 n 到终点的实际距离 $d(n)$，那么搜索将严格沿着最短路径进行，此时的搜索效率是最高的。

如果 $h(n) > d(n)$，则搜索的节点少、范围小、效率高，但不能保证得到最短路径。

2. 栅格地图中的启发式算法

（1）曼哈顿距离（Manhattan Distance）

曼哈顿距离是指两个节点在南北方向上的距离加上它们在东西方向上的距离，即：
$$S(i,j) = |X_i - X_j| + |Y_i - Y_j| \qquad (6-2)$$
式中，$S(i,j)$ 表示两个节点的曼哈顿距离，(X_i, X_j) 和 (Y_i, Y_j) 是两个节点的坐标。对于一个具有正南正北、正东正西方向的规则布局的城镇街道，从一个节点到达另一个节点的距离正是这两个节点在南北方向上的距离加上它们在东西方向上的距离，因此曼哈顿距离又称为出租车距离。曼哈顿距离表示两个节点在坐标系上的绝对轴距总和，因此当坐标轴变动时，两个节点间的曼哈顿距离就会变化。考虑估价函数并找到从一个节点运动到近邻节点的最小代价为 D，因此估价函数应该是曼哈顿距离的 D 倍。设当前位置节点为 (n_x, n_y)，终点为 $(\text{goal}_x, \text{goal}_y)$，使用曼哈顿距离作为 A*算法的估价函数，则 $h(n)$ 可以表示为：
$$h(n) = D \times (|n_x - \text{goal}_x| + |n_y - \text{goal}_y|) \qquad (6-3)$$
使用曼哈顿矩离作为 A*算法的估价函数生成路径的示例如图 6-14 所示。

（2）对角距离（Diagonal Distance）

如果在栅格地图中允许对角运动，就需要一个不同的估价函数。例如，路径允许对角运动，则有对角距离 $D_2 = \text{sqrt}(D)$，当使用对角距离作为 A*算法的估价函数时，$h(n)$ 可以表示为：

$$h(n) = D_2 h_{\text{dia}}(n) + D[h_{\text{str}}(n) - 2h_{\text{dia}}(n)] \tag{6-4}$$

式中，$h_{\text{dia}}(n)$ 是两个节点的对角距离，即两个节点的最短距离：

$$h_{\text{dia}}(n) = \min(|n_x - \text{goal}_x|, |n_y - \text{goal}_y|) \tag{6-5}$$

式中，$h_{\text{str}}(n)$ 是两个节点的曼哈顿距离：

$$h_{\text{str}}(n) = (|n_x - \text{goal}_x| + |n_y - \text{goal}_y|) \tag{6-6}$$

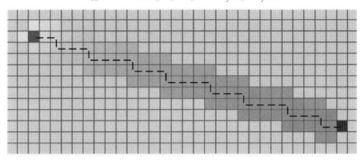

图 6-14　使用曼哈顿距离作为 A* 算法的估价函数生成路径的示例

使用对角距离作为 A* 算法的估价函数生成路径的示例如图 6-15 所示。

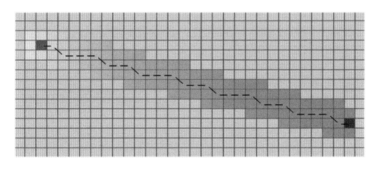

图 6-15　使用对角距离作为 A* 算法的估价函数生成路径的示例

（3）欧几里得距离（Euclid Distance）

如果机器人可以沿着任意角度运动，则可以使用欧几里得距离（也称为欧氏距离）作为 A* 算法的估价函数，此时 $h(n)$ 可以表示为：

$$h(n) = D\sqrt{(n_x - \text{goal}_x)^2 + (n_y - \text{goal}_y)^2} \tag{6-7}$$

使用欧几里得距离作为 A* 算法的估价函数生成路径的示例如图 6-16 所示。

若使用欧几里得距离作为 A* 算法的估价函数，则当直接使用 A* 算法时将会遇到麻烦，因为代价函数 $g(n)$ 不会匹配估价函数 $h(n)$。由于欧几里得距离比曼哈顿距离和对角距离都短,所以仍然可以得到最短路径,不过 A* 算法的运行时间会长一些。

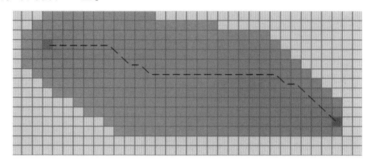

图 6-16　使用欧几里得距离作为 A* 算法的估价函数生成路径的示例

3. A* 的算法实现

A* 算法是相当简单的,其流程如图 6-17 所示。算法中有两个集合,分别为 OPEN 和 CLOSE,其中 OPEN 中保存的是待估计的节点,CLOSE 中的节点是当前不会考虑的节点。具体实现步骤如下:

① 把起点 S_{start} 加入 OPEN,记 $f=h$。

② 重复如下过程:

遍历 OPEN,查找 f 值最小的节点,把它作为最优节点(BEST)加入集合 CLOSE。

对当前栅格(即 BEST)的 8 个相邻栅格一一进行检查。如果相邻栅格(即图 6-17 中的 SUC)是不可抵达的或者在 OPEN 中,则忽略它;否则,做如下操作:

(a)如果 SUC 不在 OPEN 中,则把它加入 OPEN,并且把当前栅格设置为它的父节点,记录该节点的 f、g、h 值。

(b)如果 SUC 已经在 OPEN 中,则检查这条路径是否更短。如果更短,则把它的父节点设置为当前栅格,并重新计算它的 g 和 f 值。如果 OPEN 是按 f 值排序的,f 值改变后可能需要重新排序。

(c)遇到下面情况停止搜索:把终点加入 OPEN 中,此时路径已经找到了;或者查找终点失败并且 OPEN 是空的(NULL),此时没有路径。

③ 从终点开始,每个栅格都沿着父节点运动至起点,形成路径。

A* 算法是一种在静态环境中求解最短路径的最有效的直接搜索方法;但是当环境发生变化时,如在路径上出现了障碍物,再用 A* 算法时就需要重新规划路径，因此 A* 算法的效率将会变得很低。为了在动态环境中有更高的规划效率，出现了基于 A* 算法改进的算法，如 D*（Dynamic A*）算法、LPA*（Lifelong Planning A*）算法及 D* Lite 算法等。

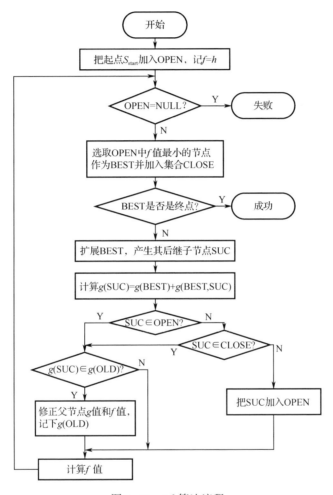

图 6-17 A* 算法流程

6.3.2 D* Lite 算法

当 D* 算法、LPA* 算法和 D* Lite 算法用于静态环境下机器人的路径规划时，三者的计算效率相差不大，都利用了启发式算法来提高效率；但 LPA* 算法和 D* Lite 算法采用的增量式搜索算法对计算效率没有任何帮助。

对于动态环境下机器人的路径规划，A*算法有心无力。对于动态环境下的二次搜索，LPA*算法和D*Lite算法的计算效率明显高于A*算法。LPA*算法反复规划起点和终点之间的最短路径，它采用的是正向搜索算法，即起点是固定不变的；所以在环境信息改变后，LPA*算法规划出的路径对于当前时刻的机器人来说并不是最优的。LPA*算法流程如图6-18（a）所示。D*Lite算法在此基础上做了改进，采用了反向搜索算法，其流程如图6-18（b）所示，其效果与D*算法相当。D*算法虽然可以实现未知环境下机器人的路径规划，但计算效率较低。

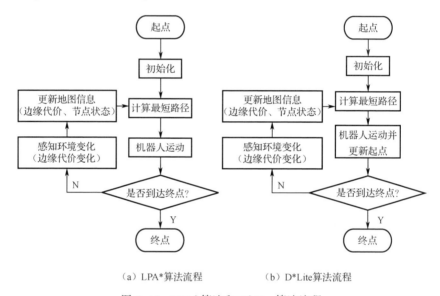

（a）LPA*算法流程　　（b）D*Lite算法流程

图6-18　LPA*算法和D*Lite算法流程

基于LPA*算法的D*Lite算法可以很好地适应环境未知的情况，它将当前位置节点视为新的起点，假设未知区域都是自由空间，并以此为基础，增量式地实现路径规划，反复计算终点与新的起点之间的最短路径。此时建立了一个路径场信息，为增量式地靠近终点提供择优依据。D*Lite算法采用的是反向搜索算法，因此D*Lite算法中的$g(n)$表示终点到当前节点n的代价，$g(n)$是对$g^*(n)$的估计。这里，$g^*(n)$表示当前节点n到终点的最短路径，可以表示为：

$$g^*(n)=\begin{cases}0, & n=n_{\text{start}}\\ \min_{n'\in\text{pred}(n)}[c(n',n)+g^*(n')], & \text{其他}\end{cases} \quad (6\text{-}8)$$

式中，pred(n)表示前一时刻运动到当前位置节点n栅格的节点，相当于节点n的父节点；$c(n',n)$表示从节点n'到节点n的代价，称为边缘代价函数。

对于节点n的所有近邻节点，求它们到节点n的距离加上近邻节点自身的g值，以其中最小的值作为节点n的rhs值，即：

$$\text{rhs}(n) = \begin{cases} 0, & n = n_{\text{start}} \\ \min_{n \in \text{succ}(n)} [c(n',n)+g(n')], & \text{其他} \end{cases} \quad (6\text{-}9)$$

式中，succ(n)表示节点n的后续节点。当$g(n) > \text{rhs}(n)$时，称为局部过一致，即节点n'到节点节点n的边缘代价函数$c(n',n)$变小，表示搜索到一条更短的路径，或者之前的障碍物被移除。当$g(n) < \text{rhs}(n)$时，称为局部欠一致，即节点n'到节点n的边缘代价函数$c(n',n)$变大，此时节点n的信息需要被重置，需要重新搜索最短路径。

在评价栅格点的代价时，D*Lite算法引入了$k(n)$进行比较，$k(n)$包含$k_1(n)$和$k_2(n)$两个值：

$$k_1(n) = \min[g(n), \text{rhs}(n) + h(n_{\text{start}}, n)] \quad (6\text{-}10)$$

$$k_2(n) = \min[g(n), \text{rhs}(n)] \quad (6\text{-}11)$$

式（6-10）中，$h(n, n_{\text{start}})$表示当前节点n到起点的代价：

$$h(n, n_{\text{start}}) = \begin{cases} 0, & n = n_{\text{start}} \\ c(n',n) + h(n', n_{\text{goal}}), & \text{其他} \end{cases} \quad (6\text{-}12)$$

$k(n)$的值越小，其优先权越高，该节点就会越早被搜索和更新。

D*Lite算法的核心在于假设未知区域都是自由空间，并以此为基础增量式地实现路径规划，通过最小化rhs值，找到终点到各个节点的最短路径。机器人按照规划的路径运动时，将机器人所到的节点设置为新起点；因此当路径变化时，需要更新从终点到新起点的代价以及估价，如图6-19所示。在图6-19中，黑色栅格是执行反向搜索算法时发现的障碍物，当机器人遇到不能通行的障碍物后便更新地图信息，重新规划出一条新的路径继续运动。由于机器人不断地靠近终点，节点的代价将不断减小，又由于每次都要减去相同的值，OPEN的顺序并不会改变，因此可以不对这部分进行计算。这样，就避免了每次在路径改变时的节点遍历过程。

若机器人在运动过程中发现障碍物，则将障碍物所对应环境地图位置设置为障碍栅格，并以障碍栅格为新起点利用路径场信息重新进行路径规划。此时，不仅要更新路径的节点，也要更新机器人遍历过的节点。D*Lite算法的关键点是如何在未知环境中根据传感器获取的极少的周边地图信息来执行最有效靠近终点的任务。其实在靠近的过程中，D*Lite 算法一直在扩大已知地图的范围，尽可能用较少的更新次数来实现抵达终点的任务。

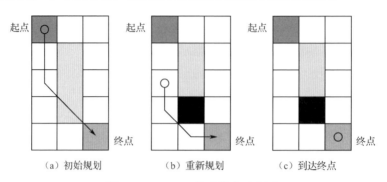

图 6-19　D*Lite 算法搜索示意图

6.3.3　基于蚁群算法的路径规划

生物学家发现，蚂蚁在觅食的过程中具有一些显著的自组织行为特征。蚂蚁在爬行过程中会释放少量的信息素（Pheromone），这些信息素会随时间慢慢减少；蚂蚁能在一定范围内识别信息素，并沿着信息素较多的路径爬行。因此，蚂蚁可以找到食物源和蚁穴之间的最短路径。基于蚂蚁觅食的启示，马可·多里戈（Marco Dorigo）等人提出了蚁群算法[46,47]。

1. 环境建模

假设机器人在有限的二维平面上运动，该区域内分布着多个静态障碍物。用栅格地图表示该区域，同时对栅格地图进行膨胀处理，保证静态障碍物的边界为安全区域。只有选择合适的栅格尺寸才能保证蚁群算法的性能。若栅格尺寸偏小，则环境的分辨率较高，但地图需要占用较大的存储空间，决策速度较慢，对一些小干扰的抗干扰能力不强；若栅格尺寸较大，则分辨率较低（即地图的精度较低），对路径规划可能有影响，但是决策速度快，抗干扰能力强。

一般来说，蚁穴的附近通常没有任何障碍物，蚂蚁可以在蚁穴附近的区域自由爬行，这样的一片区域称为蚁穴的近邻区。邻近区的建立方法如图 6-20 所示：从蚁穴沿着终点方向找到最近的障碍物，设该距离为 d；以蚁穴为中心、半径为 d 的扇形区域或者以蚁穴为顶点、高为 d 的三角形区域，就是近邻区

(如图 6-21 所示)。

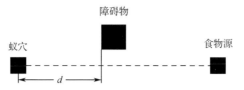

图 6-20　蚁群算法中近邻区的建立方法

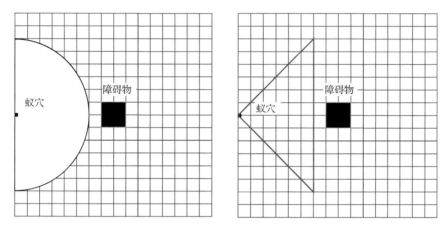

图 6-21　蚁群算法中的近邻区

任何一种食物都有气味,这种气味会引导着蚂蚁爬行。因此,如果建立了一个食物的气味区,只要蚂蚁进入气味区,就会朝向食物爬行;在非气味区,蚂蚁按照某一可行路径爬行。气味区建立的方法是为以食物为中心,在该点可以看见的区域(障碍物会遮挡视线)都是气味区,如图 6-22 所示。

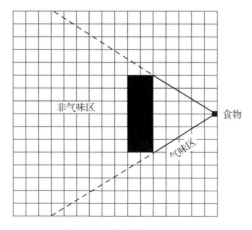

图 6-22　蚁群算法气味区

2. 路径规划

蚁群算法的路径由三部分构成：从机器人起点（蚁穴）到蚂蚁初始位置的半径、从蚂蚁初始位置到气味区的路径、从蚂蚁进入气味区到终点（食物）的路径，分别设为 L_{path0}、L_{path1}、L_{path2}，如图 6-23 所示。所以，总路径 $L_{path} = L_{path0} + L_{path1} + L_{path2}$。

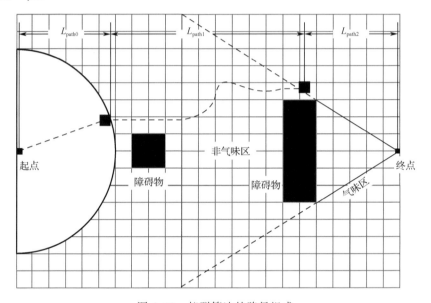

图 6-23 蚁群算法的路径组成

蚂蚁走过的路径大多是弯曲的，需要调整路径的平滑程度，调整方法如图 6-24 所示。从点 S 出发，不断寻找直到找到点 Q，使得点 Q 的下一个点与点 S 的连线穿过障碍物，而点 Q 以前的点（包括点 Q）与点 S 的连线都没有穿过障碍物；连接点 S 和点 Q，此时在线段 $\overline{SQ}$ 上距离障碍物最近的一点为 D，则 $\overline{SD}$ 就是需要找的路径。下一步将点 D 设为点 S，再在新的点 S 和点 G 之间寻找新的点 D，直到最终的点 S 与点 G 重合，所得到的连线即为调整后的路径。显然，$\overline{SD}$ 为点 S 到点 D 的最短距离，而 $\overline{DG} < \overline{DQ} + \overline{QG}$，所以线段 $\overline{SD}$ 和 $\overline{DG}$ 是沿着曲线 $\overset{\frown}{SG}$ 绕过障碍物的最短路径。设总的栅格数为 N，从起点到终点的直线距离的栅格数为 M，算法最坏的时间复杂度为 $O(N^2)$，最好的时间复杂度为 $O(M^2)$。

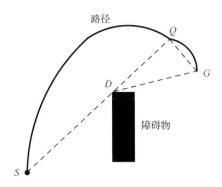

图 6-24 蚁群算法路径的调整方法

假设蚂蚁只可以在垂直或水平方向上爬行，不可以对角运动，那么对于当前栅格，蚂蚁向着食物方向可选择三个栅格爬行，设其编号分别为 1、2、3，如图 6-25 所示。

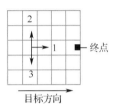

图 6-25 蚁群算法路径方向选择

每只蚂蚁根据三个方向的概率选择一个方向爬行到下一个栅格。在 t 时刻，第 k 只蚂蚁从栅格 i 沿 j 方向爬行到下一个栅格的转移概率 $p_{ij}^k(t)$ 为：

$$p_{ij}^k(t)=\begin{cases}\dfrac{[\tau_{ij}(t)]^\alpha\cdot[\eta_{ij}(t)]^\beta}{\sum\limits_{S\in J_k(i)}[\tau_{ij}(t)]^\alpha\cdot[\eta_{ij}(t)]^\beta}, & j\in J_k(i)\\ 0, & \text{其他}\end{cases} \quad (6\text{-}13)$$

式中，$j\in\{1,2,3\}$，$J_k(i)=\{1,2,3\}$ 表示第 k 只蚂蚁下一步允许选择的栅格集合；α 和 β 分别表示信息素和估价因子的相对重要程度；η_{ij} 是一个估价因子，表示蚂蚁从栅格 i 沿 j 方向爬行到下一个栅格的期望程度。在蚁群算法中，η_{ij} 通常取 i 与 j 之间距离的倒数。由于这里采用均匀栅格地图，故栅格尺寸为 1，即 $\eta_{ij}=1$，于是有：

$$p_{ij}^k(t)=\begin{cases}\dfrac{[\tau_{ij}(t)]^\alpha}{\sum\limits_{S\in J_k(i)}[\tau_{ij}(t)]^\alpha}, & j\in J_k(i)\\ 0, & \text{其他}\end{cases} \quad (6\text{-}14)$$

蚂蚁选择方向的方法为：如果每一个可选择方向的转移概率相等，则随机选择一个方向；否则，根据式（6-14）选择转移概率最大的方向作为蚂蚁下一步的爬行方向。

一只蚂蚁在栅格上沿三个方向中的一个方向到达下一个栅格,故在每个栅格设有信息素[48],每个栅格的信息素根据式(6-15)和式(6-16)更新:

$$\tau_{ij}(t+n) = \rho\tau_{ij}(t) + \Delta\tau_{ij} \tag{6-15}$$

$$\Delta\tau_{ij} = \sum_{k=1}^{m} \Delta\tau_{ij}^{k} \tag{6-16}$$

式中,$\Delta\tau_{ij}$ 表示本次迭代栅格 i 沿 j 方向的信息素增量;$\Delta\tau_{ij}^{k}$ 表示第 k 只蚂蚁在本次迭代中栅格 i 沿 j 方向的信息素增量;ρ 表示在某条路径上信息素的减少,一般取 $\rho=0.9$。如果第 k 只蚂蚁没有经过栅格 i 沿 j 方向到达下一栅格,则 $\Delta\tau_{ij}^{k}=0$,因此 $\Delta\tau_{ij}^{k}$ 可表示为:

$$\Delta\tau_{ij}^{k} = \begin{cases} \dfrac{Q}{L_k}, & \text{第 } k \text{ 只蚂蚁经过 } i \text{ 栅格沿 } j \text{ 方向} \\ 0, & \text{其他} \end{cases} \tag{6-17}$$

式中,Q 是正整数,L_k 表示第 k 只蚂蚁的爬行路径经过调整后的长度。

3. 算法实现

步骤1:环境建模,设置近邻区和气味区。

步骤2:在近邻区放足够多的蚂蚁。

步骤3:根据式(6-14)选择下一个爬行的栅格。

步骤4:如果有蚂蚁产生了无效路径,则将该路径删除;否则,直到该蚂蚁找到食物(终点)为止。

步骤5:调整蚂蚁爬行的有效路径,并保存调整后路径的最优路径。

步骤6:更新信息素,重复步骤2到步骤6,迭代到一定的次数后结束整个算法。

6.4 局部路径规划算法

6.4.1 基于滚动窗口的局部路径规划算法

基于滚动窗口的局部路径规划算法是在滚动优化原理的基础上形成的一种局部路径规划算法,其思想主要源自工业控制中的预测控制。通常,预测控制是在处理未知复杂环境中难以精准构建控制模型的问题时把整个控制优化过程分解成若干局部优化过程，以适应复杂的时变环境。预测控制内容包括模型预测、滚动优化和反馈调节。机器人在动态不确定环境下的路径规划问题与预测控制相似，都是在无法获知环境模型的条件下，采用滚动优化加反馈调节的方式，把整个优化过程分成若干局部优化过程。基于滚动窗口的局部路径规划算法在本质上就是基于预测控制所提出的一种局部路径规划算法。

1. 基于滚动窗口的局部路径规划算法的原理

机器人的工作环境大多是未知、复杂的，并且机器人在运动过程中可能会突然遇到未知的动态障碍物和静态障碍物。将滚动优化原理应用到机器人的局部路径规划中，不仅可以使机器人适应所处环境的变化，完成路径规划任务，还可以减少路径规划时间。基于滚动窗口的局部路径规划就是指机器人依靠自身的传感器所观测到的环境信息，通过不断更新滚动窗口中的环境信息来引导机器人进行局部路径规划。机器人每运动一步，就会在滚动窗口中产生子目标节点，并给出到达子目标节点的最优路径。随着滚动窗口中环境信息的更新，机器人可获取一条可行路径，实现信息优化与反馈调节的完美结合。基于滚动窗口的局部路径规划算法的基本原理包括以下三部分：

（1）环境预测

机器人每运动一步，都会根据滚动窗口中的环境信息构建环境模型，并对环境中动态障碍物的运动方向做出预测，判断机器人是否会与障碍物碰撞。

（2）滚动窗口优化

在环境预测的基础上，根据机器人预测的结果选择合适的局部路径规划算法，确定向子目标节点运动的局部路径。机器人按照规划的路径每运动一步，滚动窗口也要随之向前滚动。

（3）反馈校正

不断更新滚动窗口中的环境信息，为下一步的局部路径规划提供最新的环境信息。

2. 滚动窗口的构造

当机器人在二维平面中进行局部路径规划时，通常不考虑机器人车轮滑动等误差，同时对环境中的障碍物以略大于机器人半径的尺寸为标准进行膨胀处理，以保证障碍物的边界是安全的。机器人事先不知道全局环境信息，

于是定义 W 为当前机器人位姿空间,即机器人所有的位姿集合,且令 $W_0 = \{x \in W | \text{robot}(x) \cap \text{obstacle} \neq \varnothing\}$ 表示位姿空间的障碍物,$W_{\text{free}} = W_0 \setminus W$ 表示自由空间,$T(X_{\text{int}}, X_{\text{goal}})$ 表示路径规划的约束条件,$\tau:[0,T] \to W_{\text{free}}$ 表示连续的路径轨迹。

然而,在实际的环境中,机器人往往会碰到未知或者已知的静态障碍物和动态障碍物,此时只能依靠观测的环境信息进行下一步操作。设机器人从起点到子目标节点所需的时间为一个周期,以机器人运动到下一个节点的位置为中心,以机器人的观测半径所构成的区域为优化窗口。$\text{Win}[p_R(t)] = \{p | p \in W, d[p, p_R(t)] \leq r\}$ 表示机器人在 $p_R(t)$ 能观测到的范围,也就是该节点处的滚动窗口,其中 r 为观测半径。机器人只需考虑滚动窗口内是否存在障碍物,而不需要计算障碍物边界的解析式,因此不但节省了存储空间,还提高了计算速度。

滚动窗口区域的环境空间模型,一方面反映了全局环境信息向滚动窗口的映射,另一方面补充了机器人没有观测到的原来未知的障碍物。以当前的全局目标节点为起点,根据先验的全局环境信息判断滚动窗口区域内是否有子目标节点,并根据当前滚动窗口提供的环境信息进行路径规划,找到一条合适的局部路径,机器人按此路径运动,直到发现下一个子目标节点为止。

3. 子目标节点的选取

机器人在进行局部路径规划时,可能会遇到静态障碍物或动态障碍物,在无法得知全局环境信息的情况下,只能利用机器人观测的局部环境信息,并通过滚动窗口重复进行局部优化来代替全局优化。在每次局部优化的过程中,都要充分利用滚动窗口中当前时刻的局部环境信息,直到发现最优的子目标节点为止。同时,由于滚动窗口中不一定存在全局目标节点,在知道全局目标节点位置和滚动窗口有子目标节点的前提下,要求在每次路径规划时都要把子目标节点与全局目标节点结合起来。

机器人可以依靠全局先验信息来获取全局目标节点的位置及其相对于机器人的方向。在滚动窗口中把全局目标节点对应到当前滚动窗口,可以得到相应的子目标节点。子目标节点的选取方法如下:

在某一时刻,如果机器人滚动窗口中有 $D[V(x_i, y_i), G(x_g, y_g)] \leq R$,则目标节点在滚动窗口中,新节点 x_n 和全局目标节点 x_g 一样;否则,在当前滚动窗口边界上的子目标节点为 $g_s(x_g, y_g)$,新节点和子目标节点之间的距离为

$D[V(x_i,y_i),g_s(x_g,y_g)]$。然后根据估价函数确定窗口边界上的子目标节点，需要满足$l(x_n)=\min\{D[V(x_i,y_i),g_s(x_g,y_g)]\}$，此时机器人与全局目标节点的连线和滚动窗口的交点就是子目标节点。采用这种方法找到的子目标节点可能会使机器人在进行局部路径规划时产生局部极点。针对这种情况，有以下改进方案：

① 在满足子目标节点不在障碍物上以及机器人与全部目标节点的连线上没有障碍物的条件下，则把该子目标节点看成当前滚动窗口的子目标节点。

② 若不满足以上条件，则采用以下方法：

若机器人能观测到滚动窗口中障碍物边界上的节点，则引入一个临时子目标节点。具体是：若滚动窗口的可视范围内只有一部分障碍物，则添加一个子目标节点到能看见的障碍物的那一端；若滚动窗口的可视范围内包含所有的障碍物，则把最短的局部路径一端设置为子目标节点。

若机器人无法观测到滚动窗口中的障碍物边界上的节点，则让机器人转动一定的角度，通过绕过子目标节点的方式避免机器人陷入局部极点。

4. 动态障碍物预测模型及避障策略

机器人每运动一步，都需要观测局部环境信息，以判断是否有动态障碍物。为了能够使机器人事先知道动态障碍物下一时刻的精准状态，需要根据动态障碍物的运动轨迹和运动速度等信息来预测动态障碍物下一时刻的状态。

在物理学中，在分析物体的运动轨迹时，常常会对物体进行受力分析并对物体的运动状态进行分解。例如，对物体的运动速度沿着水平和垂直两个方向进行分解。在路径规划中，动态障碍物预测模型也可以这样进行处理。

动态障碍物运动状态可以分成规则运动和非规则运动等。对于规则运动，一般可以将运动速度分解成：

$$\begin{cases} v_x = at+b \\ v_y = ct+d \end{cases} \quad (6\text{-}18)$$

常见的动态障碍物运动都是匀速运动（加速度 a 和 c 为 0），即运动方向和运动速度都不改变，于是可以将机器人观测的运动速度沿着水平和垂直两个方向进行分解，此时加速度为零，即：

$$\begin{cases} v_x = b \\ v_y = d \end{cases} \quad (6\text{-}19)$$

对于动态障碍物的非规则运动，可以通过动态障碍物之前的运动速度和位置信息来模拟物体的运动模型。当有足够的位置信息和运动速度时就可以比较简单地求解上面的方程了。在得到动态障碍物当前时刻的运动速度和位置信息以后,便可以用位移公式来预测动态障碍物下一时刻的状态。

如果机器人会与动态障碍物碰撞,则可以放弃规划好的路径,重新进行路径规划;机器人也可以改变自身的运动速度,例如在原地停留一段时间,等待动态障碍物不再影响时再通过。

5. 基于滚动窗口的局部路径规划算法的实现步骤

基于滚动窗口的局部路径规划算法,是依靠机器人观测的局部环境信息、采用滚动窗口的方式进行的。机器人每运动一步,就会根据滚动窗口中的局部环境信息,如未知的动态障碍物和静态障碍物,确定当前滚动窗口中的最优子目标节点,并进行局部路径规划。随着滚动窗口不停地更新局部环境信息,就可以获取一条从起点到终点的无碰撞路径。

基于滚动窗口的局部路径规划算法的具体实现步骤如下:

步骤1:初始化起点、终点的所有参数,设置滚动窗口的各项参数等。

步骤2:若到达终点,则算法结束,否则执行步骤3。

步骤3:不断更新滚动窗口中的局部环境信息。若滚动窗口中存在动态障碍物,则建立动态障碍物预测模型并预测其下一时刻状态;若对规划的路径无影响,则按照规划的路径运动。

步骤4:如果有碰撞的可能性,则应该采取相应措施以规避障碍物。

步骤5:按照设置的步数,沿着规划好的路径运动,步长不应超过滚动窗口的半径。

步骤6:返回步骤2。

6.4.2 Morphin 算法

1. Morphin 算法原理

Morphin 算法是基于 Ranger 算法提出的,它不仅是一种基于地面分析的局部路径规划算法,也是一种基于栅格地图进行局部地形可行性分析的局部避障算法。Morphin 算法的具体实现步骤如下:首先根据机器人观测的实时环境信息,在机器人运动方向上生成一组离散的可行路径集合(该集合是一定的间隔内的不同偏转角的集合);然后根据由机器人当前的状态(如运动速度、俯仰度、转向角，以及前方路径的可通行率、安全性、转向方向度等）所确定的估价函数对可行路径进行估价，从而选择一条能够避开障碍物的最适宜通行的路径；最后将所选择的路径提供给机器人底层的运动控制执行器。

Morphin 算法的计算量较少、计算效率较高，不仅能够较好地处理环境建模的不确定性，也能较好地与全局路径规划算法结合，共同控制机器人的运动。

Morphin 算法的备选弧线如图 6-26 所示（图中的黑色方块表示机器人），这些弧线代表机器人可能的运动路径。

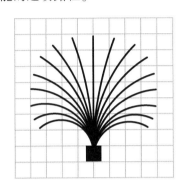

图 6-26　Morphin 算法的备选弧线

设机器人工作空间为二维栅格环境，为更好地对弧线进行评价，将弧线映射到最靠近弧线的几个栅格，栅格的可行性不涉及坡度和粗糙度，每条路径采用的评价函数为：

$$f=\begin{cases}\infty, & 障碍物和弧线相交 \\ a_1L+a_2G+a_3\Delta l+a_4R, & 其他\end{cases} \quad (6-20)$$

式中，L 表示每条弧线的长度；G 表示每条弧线的拐点参数；Δl 是弧线所经过的每个栅格到子目标节点距离的平均值；R 表示弧线终点与子目标节点的连线和障碍物相交的次数；a_1、a_2、a_3 和 a_4 表示各项的权值。评价函数 f 的取值越小，该弧线成为路径的可能性就越大。当一条弧线上存在障碍物时，这条弧线的 f 就为无穷大，最终路径会从几个 f 较小的弧线中选取。Morphin 算法的流程如图 6-27 所示。

2. 多层 Morphin 搜索树

Morphin 算法能够在很好地避开障碍物的同时不断对路径进行修正，从而实现对视野域环境信息的实时更新。Morphin 算法的优点是搜索效率高、实时反应能力强、鲁棒性好，所以它比较适用于在动态环境下的局部路径规划；

但其每条路径对应一个相对固定的弧线,缺少灵活性,这样可能会导致路径过于冗余。此外,由于机器人视野域的限制,虽然机器人选择了评价较高的弧线,但是还有可能会遗漏掉已选择路径末端的其他障碍物信息,容易到达障碍物附近(特别是U形障碍物),这样就会出现振荡而陷入死循环,最终导致路径规划失败。针对这一问题,基于多层Morphin搜索树[49,50]的局部路径规划算法被提出。

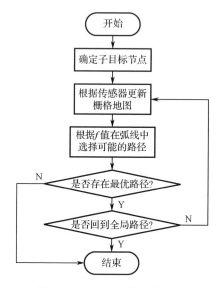

图6-27 Morphin算法的流程

(1) 滚动窗口

在6.4.1节中定义的机器人滚动窗口为:

$$\text{Win}[p_R(t)] = \{p \mid p \in W, d[p, p_R(t)] \leq r\} \quad (6-21)$$

每个执行周期都会将滚动窗口所包含的全局环境信息转换到机器人坐标系下,形成一个局部环境地图,然后根据全局先验信息确定子目标节点,结合局部环境地图构建多层Morphin搜索树来进行局部路径规划。

(2) 紧急制动距离

当机器人以速度v运动时,对应的紧急制动距离为d_e,这个距离是指当发生紧急情况时,机器人从制动开始到完全停下时的运动距离。设机器人制动时的最大加速度为a_{break},则有:

$$d_e = v^2 / (2 \cdot a_{\text{break}}) \quad (6-22)$$

弧线的长度 L 要大于 d_e 才能做到对紧急情况的预判，当有障碍物进入机器人运动的路径时，意味着这条路径是非常危险的。

（3）多层 Morphin 搜索树预测

Morphin 算法场景如图 6-28 所示，弧线 $\overset{\frown}{AC}$ 上是没有障碍物的，因此该执行周期会优先选择弧线 $\overset{\frown}{AC}$ 作为规划路径；然而，弧线 $\overset{\frown}{AB}$ 之后是有足够的可通行区域通向目标节点的。针对这个问题，可通过构造多层 Morphin 搜索树来进行改进。

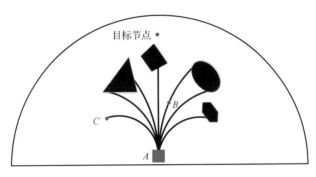

图 6-28 Morphin 算法场景

多层 Morphin 搜索树是指在 Morphin 搜索树弧线的末端再次构造 Morphin 搜索树，生成一个树状的搜索弧线簇。多层 Morphin 搜索树如图 6-29 所示。再次生成的 Morphin 搜索树可以看成在 Morphin 算法执行之后对下一时刻所处环境进行的预测，通过这样的预测就增加了原本单一角度搜索时所没有的环境信息，因此得到的规划路径会更为合理。在图 6-29 中，弧线 $\overset{\frown}{ABED}$ 是该执行周期选择的规划路径。

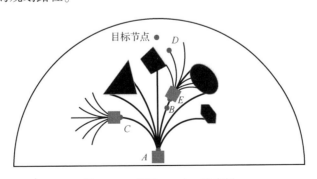

图 6-29 多层 Morphin 搜索树

3. 路径评价方法

在机器人运动的二维栅格环境中，为更好地对路径规划进行评价，可将弧线映射到最靠近弧线的一些栅格中，在栅格中将每条弧线的可通行率、安全性、目标节点趋向性三个指标的加权和作为路径评价。图6-30所示是路径评价示意图。

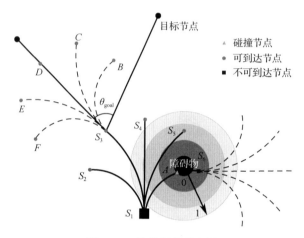

图6-30　路径评价示意图

（1）可通行率

定义$L(\widehat{S_iS_j})$为弧线$\widehat{S_iS_j}$的长度，弧线$\widehat{S_iS_j}$可通行率$T_1(\widehat{S_iS_j})$的值域为[0, 1]，可通行率的计算可分以下3种情况。

① 弧线$\widehat{S_iS_j}$在节点A发生碰撞，且$L(\widehat{S_iA}) < d_e$，说明机器人处在紧急制动的情况下也会发生碰撞，此时可通行率$T_1(\widehat{S_iS_j}) = 0$。

② 弧线$\widehat{S_iS_j}$在节点A发生碰撞，并且$L(\widehat{S_iA}) \geqslant d_e$，此时可通行率的计算公式为：

$$T_1(\widehat{S_iS_j}) = \frac{L(\widehat{S_iA})}{L(\widehat{S_iS_j})} \quad (6-23)$$

③ 未发生碰撞的弧线$\widehat{S_iS_j}$的可通行率$T_1(\widehat{S_iS_j}) = 1$。

（2）安全性

如图6-30所示，对障碍物做一个梯度预警处理，障碍物用颜色最深的圆圈（黑色圆圈）表示，外围颜色逐渐变浅的区域是预警区域。

定义：

① 预警作用距离为 d_w。

② 弧线上点 $s(x,y)$ 到最近障碍物距离为 $d(s,b_{nearest})$。

③ 弧线上点 $s(x,y)$ 的安全值函数为 safety(s)。

safety(s) 的计算公式为：

$$\text{safety}(s) = \begin{cases} \dfrac{d(s,b_{nearest})}{d_w}, & d(s,b_{nearest}) < d_w \\ 1, & d(s,b_{nearest}) \geq d_w \end{cases} \quad (6\text{-}24)$$

safety(s) 的值域为 [0,1]，当点 $s(x,y)$ 到障碍物的距离大于 d_w 时，safety(s) 恒为 1，说明该点处于安全位置。一般 d_w 取略大于半个机器人宽度。当弧线经过预警区域时，安全性随着接近深色区域而变小。

在图 6-30 中，弧线 $\widehat{S_1S_6}$ 会发生碰撞，因此其安全性 $T_2(\widehat{S_1S_6})$ 的值最低；而 $T_2(\widehat{S_1S_2})$ 的值最高。弧线 $\widehat{S_iS_j}$ 的安全性 $T_2(\widehat{S_iS_j})$ 的计算公式为：

$$T_2(\widehat{S_iS_j}) = \frac{\int_{S_i}^{S_j} \text{safety}(s)\,\mathrm{d}s}{L(\widehat{S_iS_j})} \quad (6\text{-}25)$$

弧线 $\widehat{S_iS_j}$ 的安全性 $T_2(\widehat{S_iS_j})$ 的值域为 [0,1]，一条完全安全的弧线的安全值等于弧长 $L(\widehat{S_iS_j})$。

(3) 目标节点趋向性

在机器人坐标系下，机器人向前的方向定义为 0°，逆时针方向旋转的范围为 [0°,180°]，顺时针方向旋转的范围为 [0°,−180°]。在节点 S_3 进行搜索时，在节点 S_3 的局部坐标系下，目标节点与机器人向前方向的夹角为 θ_{goal}，$\widehat{S_3B}$ 到 $\widehat{S_3F}$ 五条弧线中弧线 $\widehat{S_3B}$ 的目标节点趋向性是最优的。

弧线 $\widehat{S_iS_j}$ 的目标节点趋向性 $T_3(\widehat{S_iS_j})$ 的计算公式为：

$$T_3(\widehat{S_iS_j}) = \frac{|\theta_{goal}(\widehat{S_iS_j}) - \theta_{turn}(\widehat{S_iS_j})|}{360} \quad (6\text{-}26)$$

式中，$\theta_{turn}(\widehat{S_iS_j})$ 是弧线 $\widehat{S_iS_j}$ 对应的机器人转向角，$T_3(\widehat{S_iS_j})$ 的值域为 [0,1]。

(4) 评价值

每条弧线的评价值的计算公式为：

$$v_e = c_1 \times T_1 + c_2 \times T_2 + c_3 \times T_3 \tag{6-27}$$

式中，加权因子 c_1、c_2 和 c_3 的不同取值对应着不同的机器人运动模式。增大 c_1，机器人偏向于能够运动得更远；增大 c_2，机器人偏向于在安全的路径上运动；增大 c_3，机器人偏向于向目标节点运动。根据机器人的周围环境改变加权因子，可以达到动态控制机器人的目的。

在评价最优路径时，要考虑远处障碍物对路径规划评价的影响，因此从叶节点开始评价，并回到根节点。每个节点的评价值的计算公式为：

$$v_{\text{node}}(S_i) = \begin{cases} 0, & S_i \text{ 为叶节点} \\ \max[v_e(\widehat{S_i S_j}) + v_{\text{node}}(S_j)], & S_i \text{ 不是叶节点} \end{cases} \tag{6-28}$$

式中，节点 S_j 是节点 S_i 的子节点。当评价完所有的节点后，从根节点 S_1 开始每次选择下一层中评价值最大的节点，直到叶节点为止，这样就可以形成一条最优路径。

第 7 章　机器人控制

对机器人进行控制，使其按预定的方式运动，是设计机器人的最终目的。要实现对机器人的控制，需要结合机器人控制系统、底层硬件及传感器的观测信息等。在前面的章节中，我们介绍了机器人学的数学基础、智能机器人体系结构、环境感知及建模，以及路径规划等相关知识，这些知识为我们更好、更智能地控制机器人打下了基础。本章将从机器人控制的基础开始，结合各类机器人的应用案例来介绍机器人的控制方法。

本章内容可以分为两大部分：

7.1 节和 7.2 节将围绕机器人控制的基础——机器人运动学和机器人动力学进行分析。诸如"如何描述机器人的运动""机器人正向运动学、逆向运动学的分析方法有哪些""如何对机器人的运动、动力进行建模"之类的问题，将会得到解答。

7.3 节和 7.4 节将围绕机器人的具体控制问题展开描述。7.3 节将基于自动控制中的传统控制理论对机器人的主要控制类型进行介绍。为了适应自动控制技术的发展，智能控制也成为人工智能技术新的应用领域。关于机器人的智能控制方法将在 7.4 节展开讨论。

7.1　机器人运动学

要对机器人进行控制，首先要了解机器人运动学、动力学的特性；其次要解决机器人运动学、动力学的方程，即对机器人建模。本节主要介绍机器人运动学的相关问题：首先从运动学概述开始，介绍如何描述机器人的运动；然后介绍正向运动学和逆向运动学的分析方法；最后以基于麦克纳姆轮的全向移动平台为例进行运动的分析和建模。

本节内容是研究机器人运动和控制的基础，在章节安排上占用较大篇幅，希望读者认真学习。学习完本节内容后，读者会对机器人运动学有系统的认识，并有能力对简单的机器人运动进行建模。

7.1.1 运动学概述

运动学是几何学在运动中的应用，它仅对位置、方向及其时间导数等进行纯粹的几何描述，而不考虑引起运动的力或力矩的作用[51]。

1. 坐标系建立

由于机器人中的连杆和机械臂是用刚体来建模的，因此刚体的位移特性必然在机器人运动学中占据着重要的地位。利用向量代数和矩阵代数可以建立一个系统、通用的方法来描述机械臂相对于全局坐标系$\{G\}$的位置。由于机械臂可以彼此相对旋转或平移，因此可以沿着每根连杆的关节轴线来建立刚体坐标系$\{B_1\}$、$\{B_2\}$、$\{B_3\}$，从而找到它们相对于全局坐标系$\{G\}$的相对位置；可以利用连杆坐标系之间的坐标变换矩阵$^A T_B$来定义连杆 B 相对于连杆 A 的位置。图 7-1 所示为 RPR（即 2 个转动关节加 1 个平移关节）机械臂坐标系[52]示意图。

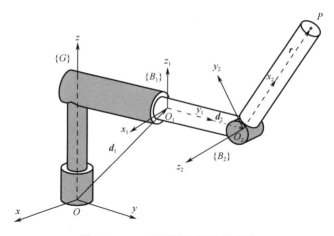

图 7-1 RPR 机械臂坐标系示意图

2. 运动学分析的一般思路

找到刚体坐标系$\{B\}$相对于全局坐标系$\{G\}$的变换矩阵$^G T_B$便可以简化正向运动学问题。可以用 3×3 旋转矩阵来描述局部坐标系相对于全局坐标系的旋转操作，引入齐次坐标是为了描述三维空间中的位置向量和方向向量，从而将旋转矩阵扩展成包含旋转和移动的 4×4 齐次变换矩阵。可以利用一套特殊的规则来建立能够表达机器人刚性连杆的齐次变换矩阵，该矩阵由德纳维（Denavit）和哈登伯格（Hartenberg）在 1955 年提出之后被称为 Denavit-Hartenberg 矩阵（D-H 矩阵）。D-H 矩阵的优点是其在推导机器人连杆的运动方程时的通用性[53]。

对刚体运动进行解析的基础是刚体上的所有点必须保持其原始的相对位置，无论刚体的位置和方向如何，刚体位移总能分解成两部分的和，即固定在刚体中的任意参考点的位移加上刚体绕着通过该固定点轴线的独特旋转。

通过对刚体运动的研究，可以找到一个向量在全局坐标系中的时间变化率与其在局部坐标系中的时间变化率之间的关系。

从局部坐标系 $\{B\}$ 到全局坐标系 $\{G\}$ 的变换可表述为：

$$^G\boldsymbol{r} = {}^G\boldsymbol{R}_B\,{}^B\boldsymbol{r} + {}^G\boldsymbol{d}_B \tag{7-1}$$

式中，$^B\boldsymbol{r}$ 是局部坐标系 $\{B\}$ 中一个点的位置向量；$^G\boldsymbol{r}$ 是同一点在全局坐标系 $\{G\}$ 中的位置向量；$^G\boldsymbol{d}_B$ 是刚体坐标系 $\{B\}$ 原点相对于全局坐标系 $\{G\}$ 原点的位置向量。因此，式（7-1）所示的变换包括两部分：将刚体坐标系原点移动到全局坐标系原点处的移动部分 $^G\boldsymbol{d}_B$，将局部坐标系 $\{B\}$ 的坐标轴变换到与全局坐标系 $\{G\}$ 的坐标轴相一致的旋转部分 $^G\boldsymbol{R}_B\,{}^B\boldsymbol{r}$。

可以将变换公式 $^G\boldsymbol{r} = {}^G\boldsymbol{R}_B\,{}^B\boldsymbol{r} + {}^G\boldsymbol{d}_B$ 扩展到连接两个以上的坐标系，先将局部坐标系 $\{B_1\}$ 变换到局部坐标系 $\{B_2\}$ 中，再将 $\{B_2\}$ 变换到全局坐标系 $\{G\}$ 中，总的变换公式为：

$$\begin{aligned}^G\boldsymbol{r} &= ({}^G\boldsymbol{R}_{B_2}\,{}^{B_2}\boldsymbol{r} + {}^G\boldsymbol{d}_{B_2}) + ({}^{B_2}\boldsymbol{R}_{B_1}\,{}^{B_1}\boldsymbol{r} + {}^{B_2}\boldsymbol{d}_{B_1}) \\ &= {}^G\boldsymbol{R}_{B_2}\,{}^{B_2}\boldsymbol{R}_{B_1}\,{}^{B_1}\boldsymbol{r} + {}^G\boldsymbol{d}_{B_2} + {}^{B_2}\boldsymbol{d}_{B_1} \\ &= {}^G\boldsymbol{R}_{B_1}\,{}^{B_1}\boldsymbol{r} + {}^G\boldsymbol{d}_{B_1}\end{aligned} \tag{7-2}$$

3. 正向运动学和逆向运动学

通常，机器人是由具有相对运动的 n 根刚性连杆组成的，固定在地面上的连杆是连杆 O，连接在末端执行器上的连杆是连杆 n。机器人运动学分析中有两个重要的问题，即正向运动学问题和逆向运动学问题[54]。

（1）正向运动学

机器人运动方程的表示问题即正向运动学问题，例如对于一个给定的机器人，已知连杆的几何参数和关节变量，欲求机器人末端执行器相对于参考坐标系的位置和姿态（位姿）。机械臂和其作用的物体在工作空间内的位姿，都是以某个确定的坐标系的位置和姿态来描述的，这就需要建立机器人运动方程。运动方程的表示问题属于问题分析，因此也可以把机器人运动方程的表示问题称为机器人运动的分析。

（2）逆向运动学

机器人运动方程的求解问题即逆向运动学问题，例如已知机器人连杆的几何参数，给定机器人末端执行器相对于参考坐标系的期望位置和姿态（位姿），求机器人能够达到预期位姿的关节变量。当参考坐标系采用笛卡儿坐标系描述时，必须把上述这些参数变换为一系列能够由机械臂驱动的关节变量。确定机械臂的各关节变量就是求解运动方程。机器人运动方程的求解问题属于问题综合，因此也可以把机器人运动方程的求解问题称为机器人运动的综合。

7.1.2 运动的描述与分析

1. 描述运动的方法

刚体运动可以分解为旋转和平移。平移通常用一个向量 d 来描述；而旋转运动的描述则有很多的方法，这些方法在本质上并没有什么不同。相对于一些参考坐标系，描述刚体位姿的参数或者坐标有时被称为姿态坐标。在描述旋转时有两个内在的问题。

① 旋转不能交换。

② 空间旋转并不能在三维欧氏空间中建立一个光滑映射。

在三维欧氏空间中缺乏光滑映射时，意味着我们并不能用 3 个数（即旋转坐标）来描述旋转。任何 3 个旋转坐标中至少包含一个几何定位，这意味着至少 2 个坐标并没有被定义或者不唯一。这个问题类似于定义一个坐标系以定位地球表面上的某个点，使用经度和纬度在南/北极处就出现了问题，即在南/北极处，一个微小的位移在经度上就能够产生一个径向变化。我们无法找到一个超级系统，因为不可能用一个平面光滑地包裹住一个球体。类似地，也不可能用三维欧氏空间包裹住旋转的空间。

这就是为什么我们有时要用 4 个数描述旋转的原因。我们可以使用只有 3 个数的坐标系，或者使用 4 个数进行处理，具体如何选择取决于应用和计算方法。对于计算机应用，冗余并不是问题，因此大多数算法都使用具有额外数的方法来描述。然而，工程师们却喜欢用最少的数进行计算，对于旋转而言，没有唯一性和超级方法[55]。

(1) 旋转矩阵

旋转矩阵是描述空间旋转的最有效的方法，它是由方向余弦确定和导出的。具有共同原点的两个坐标系$\{G\}$和$\{B\}$可以由单位向量$G=\{I,J,K\}$和$B=\{i,j,k\}$的正交右手定则来定义，通过这两个单位向量，能够容易发现两坐标系之间的旋转矩阵（也称为变换矩阵）。

定义旋转矩阵$^{G}R_{B}$为：

$$^{G}R_{B} = \begin{bmatrix} \cos(I,i) & \cos(I,j) & \cos(I,k) \\ \cos(J,i) & \cos(J,j) & \cos(J,k) \\ \cos(K,i) & \cos(K,j) & \cos(K,k) \end{bmatrix} \quad (7-3)$$

当给定一个点在局部坐标系中的坐标时，通过$^{G}R_{B}$可以很容易地找到该点在全局坐标系中的坐标，即：

$$^{G}r = {^{G}R_{B}}\,{^{B}r} \quad (7-4)$$

旋转矩阵可以将刚体运动中的旋转部分变换成矩阵乘法，具有简单、方便等优点，特别是当刚体绕着全局坐标系或者局部坐标系的主轴旋转时。

正交性是旋转矩阵的最重要且最有用的特性，它表明旋转矩阵的逆矩阵等于其转置矩阵。

旋转矩阵的主要缺点是如此多的数值通常使得其很难计算。

(2) 轴角

轴角可以用来直观地描述旋转运动，由罗德里格斯（Rodrigues）公式所描述的轴角是欧拉刚体旋转理论的一个直接结果。轴角表示法的示意图如图7-2所示。绕着由单位向量u所表示的轴旋转之后所形成的具有右手定则的旋转幅值及旋转角ϕ可用来描述旋转。轴角表示法用两个参数来表示旋转，一个参数是轴或直线，另一个参数是描述绕这个轴的旋转角。轴角表示法也称为旋转的指数坐标或旋转向量表示法。这两个参数（轴和旋转角）可用来表示坐标轴上的模和旋转角。

轴角表示法在分析刚体运动时是很方便的，它在特征化旋转时或者在刚体运动的不同表示之间进行变换时是非常有用的。

轴角表示法的旋转矩阵为：

$$^{G}R_{B} = u\cos\phi + u\,u^{T}(1-\cos\phi) + u\sin\phi \quad (7-5)$$

但轴角表示法也存在一些问题。首先，当$\phi=0$时旋转轴是不确定的；其次，轴角表示法是一个二对一的映射系统；最后，轴角表示法在求解两个旋转的等效旋转时并不很充分。

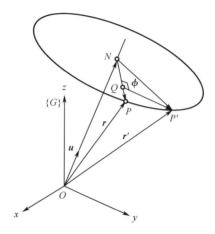

图 7-2 轴角表示法的示意图

（3）欧拉角

欧拉角仅仅使用 3 个数来描述刚体的旋转，它是通过绕着局部或全局坐标系的三个坐标轴进行各自连续旋转来定义的。欧拉角有 24 种不同的表示法，图 7-3 所示为一种典型的欧拉角表示法，这种表示法通常用于陀螺运动。图中，φ 为绕 z 轴的转角，称为进动角；θ 为绕转动后的局部坐标系 x' 轴的转角，称为章动角；ψ 为绕转动后的局部坐标系 z 轴的转角，称为自转角。欧拉角表示法的旋转矩阵为：

$$^{G}\boldsymbol{R}_{B} = \begin{Bmatrix} \cos\varphi\cos\psi - \cos\theta\sin\varphi\sin\psi & -\cos\varphi\sin\psi - \cos\theta\cos\psi\sin\varphi & \sin\theta\sin\varphi \\ \sin\varphi\cos\psi + \cos\theta\cos\varphi\sin\psi & -\sin\varphi\sin\psi + \cos\theta\cos\varphi\cos\psi & -\cos\varphi\cos\theta \\ \sin\theta\sin\psi & \sin\theta\cos\varphi & \cos\theta \end{Bmatrix}$$

（7-6）

欧拉角及其表示法的旋转矩阵通常并不是一对一的，它们也不是一个有关旋转的简便表述，或者说不是构建等效旋转的简便表述。两个矩阵相乘可直接获得等效的旋转矩阵，但是从旋转矩阵到欧拉角的逆变换并不是简单、明确的。

欧拉角表示法的主要优点是仅使用了 3 个数，欧拉角是可积分的，并且为具有无冗余的空间旋转提供一个很好的可视化操作方法。欧拉角表示法也可用于刚体自旋运动的分析。欧拉角的其他表示法和翻滚角、俯仰角和偏航角有着相同的问题和优点。

（4）四元数

四元数（Quaternion）是由数学家哈密顿（William Rowan Hamilton）于1843年提出的，它从本质上来说是一种高阶负数，是一个四维空间，相当于复数的二维空间。可依据四元数的加法和乘法，来描述旋转运动。描述旋转运动的四元数是一个单位四元数，由欧拉参数或者旋转轴和旋转角来描述：

$$e(\phi,u) = e_0 + E = e_0 + e_1 i + e_2 j + e_3 k = \cos\frac{\phi}{2} + \sin\frac{\phi}{2} u \qquad (7-7)$$

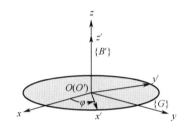

(a) 进动角φ示意图

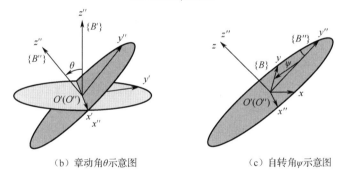

(b) 章动角θ示意图 　　　　　　　　(c) 自转角ψ示意图

图7-3　一种典型的欧拉角表示法

我们也可以定义一个4×4的矩阵来描述四元数，即：

$$q = \begin{bmatrix} q_0 & -q_1 & -q_2 & -q_3 \\ q_1 & q_0 & -q_3 & q_2 \\ q_2 & q_3 & q_0 & -q_1 \\ q_3 & -q_2 & q_1 & q_0 \end{bmatrix} \qquad (7-8)$$

使用四元数描述旋转运动，可以避免万向节死锁（Gimbal Lock）的现象，只需要一个四元数就可以表示绕任意过原点的向量的旋转，方便快捷，这在某些情况下比旋转矩阵的效率更高。但是四元数理解复杂，并没有直观的物理意义。

2. 正向运动学分析方法

(1) D-H 矩阵法

D-H 矩阵法是德纳维（Denavit）和哈登伯格（Hartenberg）在 1955 年提出一种通用的方法，这种方法在机器人的每根连杆上都固定一个坐标系（称为 D-H 坐标系），然后用 4×4 的齐次变换矩阵来描述相邻两根连杆的空间关系。通过依次变换可最终推导出末端执行器相对于全局坐标系的位姿，从而建立机器人的运动方程[56]。

通常，在每个关节轴线上都连接了两根连杆，每根连杆各有一根和关节轴线垂直的法线。两根连杆的相对位置由两个关节之间的距离d_i（关节轴线上两个法线的距离）和夹角θ_i（关节轴线上两个法线的夹角）确定。

D-H 坐标系可以由a_i、α_i、θ_i、d_i四个参数来表示，如图 7-4 所示。

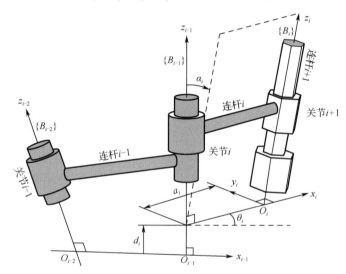

图 7-4 对于关节 i 和连杆 i 所定义的 D-H 参数 a_i、α_i、θ_i、d_i

① 连杆长度a_i是指沿着x_i轴的z_{i-1}轴和z_i轴之间的距离，它是连杆 i 的运动位移。

② 连杆旋（扭）转角α_i是z_{i-1}轴绕着x_i轴所转动的角度，以使z_{i-1}轴平行于z_i轴。

③ 关节距离d_i是指沿着z_{i-1}轴的x_{i-1}轴和x_i轴之间的距离。关节距离也称为连杆偏值。

④ 关节角θ_i是x_{i-1}轴绕着z_{i-1}轴所转动的角度,以使x_{i-1}轴平行于x_i轴。

在机器人设计中,每个关节都是转动关节或平移关节。因此,对于每个关节,参数θ_i或参数d_i是固定的,其他参数是可变的。如果关节i是转动关节,则参数d_i的值是固定的,参数θ_i是唯一的关节变量。参数θ_i和d_i称为关节变量,这两个参数定义了螺旋运动;因为参数θ_i是绕着z_{i-1}轴的一个旋转角,参数d_i是沿着z_{i-1}轴的一个平移位移。

参数α_i和a_i称为连杆参数,因为它们定义了连杆i两个末端处的关节i和关节$i+1$的相对位置。连杆参数α_i和a_i也定义一个螺旋运动,因为参数α_i是绕着x_i轴的一个旋转角,参数a_i是沿着x_i轴的一个平移位移。

换句话说,通过中心螺旋运动可以将z_{i-1}轴移动至z_i轴,将x_{i-1}轴移动至x_i轴。基于D-H矩阵法的规定,将坐标系$\{B_i\}$变换至坐标系$\{B_{i-1}\}$的变换矩阵$^{i-1}T_i$可以用连杆i和关节i的4个基本变换矩阵的点乘表示:

$$^{i-1}T_i = D_{z_{i-1},d_i} R_{z_{i-1},\theta_i} D_{x_{i-1},a_i} R_{x_{i-1},\alpha_i} = \begin{bmatrix} \cos\theta_i & -\sin\theta_i\cos\alpha_i & \sin\theta_i\sin\alpha_i & a_i\cos\theta_i \\ \sin\theta_i & \cos\theta_i\cos\alpha_i & -\cos\theta_i\sin\alpha_i & a_i\sin\theta_i \\ 0 & \sin\alpha_i & \cos\alpha_i & d_i \\ 0 & 0 & 0 & 1 \end{bmatrix}$$

(7-9)

式中

$$D_{z_{i-1},d_i} = \begin{bmatrix} 1 & 0 & 0 & a_i \\ 0 & 1 & 0 & 0 \\ 0 & 0 & 1 & d_i \\ 0 & 0 & 0 & 1 \end{bmatrix} \tag{7-10}$$

$$R_{z_{i-1},\theta_i} = \begin{bmatrix} \cos\theta_i & -\sin\theta_i & 0 & 0 \\ \sin\theta_i & \cos\theta_i & 0 & 0 \\ 0 & 0 & 1 & 0 \\ 0 & 0 & 0 & 1 \end{bmatrix} \tag{7-11}$$

$$D_{x_{i-1},a_i} = \begin{bmatrix} 1 & 0 & 0 & a_i \\ 0 & 1 & 0 & 0 \\ 0 & 0 & 1 & 0 \\ 0 & 0 & 0 & 1 \end{bmatrix} \tag{7-12}$$

$$\boldsymbol{R}_{x_{i-1},\alpha_i} = \begin{bmatrix} 1 & 0 & 0 & 0 \\ 0 & \cos\alpha_i & -\sin\alpha_i & 0 \\ 0 & \sin\alpha_i & \cos\alpha_i & 0 \\ 0 & 0 & 0 & 1 \end{bmatrix} \qquad (7\text{-}13)$$

式（7-9）所示的 4×4 矩阵可以划分为两个子矩阵，即表示一个独立的旋转运动的 $^{i-1}\boldsymbol{R}_i$ 和表示一个独立的平移运动的 $^{i-1}\boldsymbol{d}_i$。使用这两个子矩阵可以产生从坐标系 $\{B_i\}$ 到坐标系 $\{B_{i-1}\}$ 所要求的相同的刚性运动：

$$^{i-1}\boldsymbol{T}_i = \begin{pmatrix} ^{i-1}\boldsymbol{R}_i & ^{i-1}\boldsymbol{d}_i \\ 0 & 1 \end{pmatrix} \qquad (7\text{-}14)$$

变换矩阵 $^{i-1}\boldsymbol{T}_i$ 的逆矩阵为：

$$^{i-1}\boldsymbol{T}_i^{-1} = \begin{bmatrix} \cos\theta_i & \sin\theta_i & 0 & -a_i \\ -\sin\theta_i\cos\alpha_i & \cos\theta_i\cos\alpha_i & \sin\alpha_i & -d_i\sin\alpha_i \\ \sin\theta_i\sin\alpha_i & -\cos\theta_i\sin\alpha_i & \cos\alpha_i & -d_i\cos\alpha_i \\ 0 & 0 & 0 & 1 \end{bmatrix} \qquad (7\text{-}15)$$

（2）非 D-H 矩阵法

D-H 矩阵法是分析机器人连杆坐标系的最常用方法。但 D-H 矩阵法并不是唯一的方法，也不是最好的方法，其他非 D-H 矩阵法也各有优缺点。

例如，Sheth 法，它建立的坐标系的数目等于连杆的数目，从而克服了 D-H 矩阵法对连杆的限制，在求解连杆的几何尺寸时也更加灵活；Hayati-Roberts（H-R）法是另外一种表示顺序连杆的方法，对于平行轴的情况，H-R 法可以有效避开坐标的奇异问题。

本节不对以上两种方法进行详细介绍，感兴趣的读者可以查阅相关资料。

3. 逆向运动学分析方法

求解逆向运动学问题的方法是分析型（也称为解析型）方法和数值型方法。分析型方法给出了一个完整的求解思路，但求解的效率不高，尤其是在逆向运动学的关节链很长时，它在实时演算的领域（如游戏领域）就不是一个可行的方法。数值型方法类似于启发式搜索的方法，即先试错然后逐步修正，最终得到近似解。下面简单介绍一下数值型方法中的两种解法：循环坐标下降法和雅可比矩阵法[57]。

循环坐标下降法是一种简单而可行的办法，它由关节链的末端出发，层层迭代，直到到达目标位置为止。但是，该方法的效果可能并不好，常常在末端关节上会出现扭转变形的关节链。

雅可比矩阵法描述了整个关节链，矩阵中的每一列表示关节链的末端变化。但是，求解雅可比矩阵不是一件容易的事情，所以该方法只适用于非实时领域或者高级 Inverse Kinematics（IK）解算器。

7.1.3　基于麦克纳姆轮的全向移动平台的运动分析[58]

麦克纳姆（Mecanum）轮最早是由瑞典 Mecanum 公司的工程师本蒂伦（丹麦语：BengtIlon）在 1973 年发明的。随后，帕特里克·缪尔（Patrick Muir）用矩阵变换的方法建立了麦克纳姆轮的机器人运动模型，并将它应用于航位推算、车轮打滑检测和反馈控制算法设计。

麦克纳姆轮的结构较为简单，其三维结构如图 7-5 所示，它主要由中间的紧固轮辐以及固定在轮辐周围的一系列能够绕自身轴线自由转动的小滚轮组成。麦克纳姆轮轴线与小滚轮轴线之间设置了一个固定的空间夹角来增加麦克纳姆轮的空间自由度。从理论上讲，只要该夹角不为 0° 就能达到全向移动所需的自由度，通常设置为 45°。固定在轮辐周围的小滚轮的外廓线与麦克纳姆轮外侧的理论圆周线重合，保证了轮子与地面接触的连续性，使得在转动任意角度时，都有小滚轮与地面接触，提供了小滚轮转动的摩擦力。

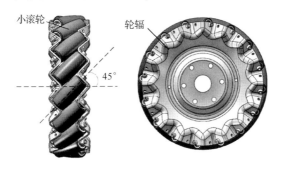

图 7-5　麦克纳姆轮的三维结构

麦克纳姆轮在同一平面内拥有完全独立的三个自由度，分别为：绕紧固轮辐轴线的自由转动；小滚轮绕其自身轴线的自由转动；麦克纳姆轮绕地面接触点的自由转动。麦克纳姆轮的转动由电机驱动，其周围的小滚轮依靠摩擦力自由转动，因此麦克纳姆轮可以完美地实现全向移动。

以全向移动平台的中心作为原点，以平台前进方向作为 y 轴的正方向，以平台右侧的方向作为 x 轴的正方向，以与水平面垂直的向上方向为 z 轴正方向，来建立全局坐标系。基于麦克纳姆轮的全向移动平台要实现沿 x、y 轴方

向的平移和绕 z 轴的转动，至少需要由 4 个电机独立驱动，且将麦克纳姆轮分为左旋轮和右旋轮，两个为一组，对角安装于底盘的两侧，如图 7-6 所示。麦克纳姆轮上的斜线表示麦克纳姆轮与地面接触辊子（即图 7-5 中的小滚轮）的偏置角方向，一般小滚轮的偏置角 α 为 $45°$。

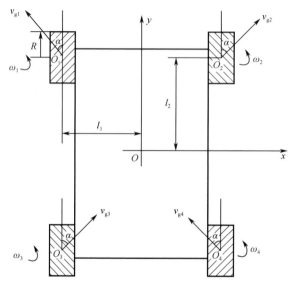

图 7-6　麦克纳姆轮安装方式

由于麦克纳姆轮安装的对称性，轮子中心点到 y 轴距离为 l_1，到 x 轴距离为 l_2。四个麦克纳姆轮的中心为 O_i（$i=1$，2，3，4），半径为 R，对应的转速为 ω_i，小滚轮的移动速度为 v_{gi}。

全向移动平台在平面上移动时具有三个自由度，分别为 v_x、v_y、ω_z；每个麦克纳姆轮都有 2 个自由度，分别为由电机驱动的旋转运动，以及小滚轮在摩擦力作用下绕自身轴线的旋转运动。以第 1 个麦克纳姆轮为例，其中心 O_1 在全局坐标系中的运动速度为：

$$\boldsymbol{v}_1 = \begin{bmatrix} 0 & -\sin\alpha \\ R & \cos\alpha \end{bmatrix} \begin{bmatrix} \omega_1 \\ v_{g1} \end{bmatrix} \quad (7-16)$$

将第 1 个麦克纳姆轮与全向移动平台看成一个整体，则此时麦克纳姆轮在全局坐标系中的速度为：

$$\boldsymbol{v}_1 = \begin{bmatrix} 1 & 0 & -l_2 \\ 0 & 1 & -l_1 \end{bmatrix} \begin{bmatrix} v_x \\ v_y \\ \omega_z \end{bmatrix} \quad (7-17)$$

由式（7-16）和式（7-17）可得：

$$\begin{bmatrix} 0 & -\sin\alpha \\ R & \cos\alpha \end{bmatrix} \begin{bmatrix} \omega_1 \\ v_{g1} \end{bmatrix} = \begin{bmatrix} 1 & 0 & -l_2 \\ 0 & 1 & -l_1 \end{bmatrix} \begin{bmatrix} v_x \\ v_y \\ \omega_z \end{bmatrix} \quad (7-18)$$

同样地分析麦克纳姆轮 2~4，可得：

$$\begin{bmatrix} \omega_1 \\ \omega_2 \\ \omega_3 \\ \omega_4 \end{bmatrix} = \begin{bmatrix} \dfrac{1}{R\tan\alpha} & \dfrac{1}{R} & \dfrac{-(l_1\tan\alpha+l_2)}{R\tan\alpha} \\ \dfrac{-1}{R\tan\alpha} & \dfrac{1}{R} & \dfrac{l_1\tan\alpha+l_2}{R\tan\alpha} \\ \dfrac{-1}{R\tan\alpha} & \dfrac{1}{R} & \dfrac{-(l_1\tan\alpha+l_2)}{R\tan\alpha} \\ \dfrac{1}{R\tan\alpha} & \dfrac{1}{R} & \dfrac{l_1\tan\alpha+l_2}{R\tan\alpha} \end{bmatrix} \begin{bmatrix} v_x \\ v_y \\ \omega_z \end{bmatrix} = \boldsymbol{J} \begin{bmatrix} v_x \\ v_y \\ \omega_z \end{bmatrix} \quad (7-19)$$

式中，$\boldsymbol{J}$ 为机器人逆向运动学的雅可比矩阵。根据机器人运动学的原理可知，雅可比矩阵应当是满秩的；当雅克比矩阵不满秩时，全向移动平台会存在奇异形位，使得全向移动平台的运动自由度减少。由于小滚轮夹角 α 为 45°，保证了雅可比矩阵是满秩的，而该矩阵的秩 $\text{Rank}(\boldsymbol{J}) = 3$，总能够满足全向移动的要求。

式（7-19）可记为 $\boldsymbol{\omega} = \boldsymbol{J} \cdot \boldsymbol{V}$，可以得到 $\boldsymbol{J}^{-1} \cdot \boldsymbol{\omega} = \boldsymbol{V}$，即：

$$\begin{bmatrix} v_x \\ v_y \\ \omega_z \end{bmatrix} = \dfrac{R}{4} \begin{bmatrix} \tan\alpha & -\tan\alpha & -\tan\alpha & \tan\alpha \\ 1 & 1 & 1 & 1 \\ -\dfrac{\tan\alpha}{l_1\tan\alpha+l_2} & \dfrac{\tan\alpha}{l_1\tan\alpha+l_2} & -\dfrac{\tan\alpha}{l_1\tan\alpha+l_2} & \dfrac{\tan\alpha}{l_1\tan\alpha+l_2} \end{bmatrix} \begin{bmatrix} \omega_1 \\ \omega_2 \\ \omega_3 \\ \omega_4 \end{bmatrix} \quad (7-20)$$

由此，可根据给定的全向移动平台速度，求得对应各个麦克纳姆轮的转速，也可以由各个麦克纳姆轮的转速反推出全向移动平台的速度，即 $\boldsymbol{J}$ 表示了 4 个麦克纳姆轮的转速与全向移动平台速度之间的关系，同时也反映了全向移动平台的运动特性。

当全向移动平台在原地旋转（即 $\boldsymbol{\omega} \neq 0$），而 $v_x = v_y = 0$ 时，4 个麦克纳姆轮的对应速度为：

$$-\omega_1 = \omega_2 = -\omega_3 = \omega_4 = \dfrac{l_1\tan\alpha+l_2}{R\tan\alpha}\omega_z \quad (7-21)$$

当全向移动平台沿着 θ 角方向平移，即 $v_x = v \cdot \cos\theta$，$v_y = v \cdot \sin\theta$，$\omega_z = 0$

时，4个麦克纳姆轮的转速为：

$$\omega_1 = \omega_4 = \frac{v}{R}\left(\frac{\cos\theta}{\tan\alpha}+\sin\theta\right)$$
$$\omega_2 = \omega_3 = \frac{v}{R}\left(-\frac{\cos\theta}{\tan\alpha}+\sin\theta\right)$$
(7-22)

当 $\theta=90°$ 时，ω_1、ω_2、ω_3、ω_4 的大小相等、方向相同，此时全向移动平台前进或后退；当 $\theta=0°$ 时，ω_2 与 ω_3 的方向、ω_1 与 ω_4 的方向分别相同，四者大小相等，全向移动平台能够实现左移或右移。

假设各个麦克纳姆轮转速的大小相同，下面以 x 轴正方向为参考轴线，以全向移动平台的前进、旋转、左移、右移为例进行说明，如图7.7所示。在图7.7（a）中，当 ω_1、ω_2、ω_3、ω_4 的方向均为顺时针时，此时全向移动平台前进；当 ω_1 与 ω_4 的方向不变，ω_2 与 ω_3 的方向变为逆时针时，全向移动平台右移，如图7.7（b）所示；在7.7（a）的基础上，只改变 ω_1 与 ω_4 的方向，全向移动平台左移，如图7.7（d）所示；当 ω_1 与 ω_3 的方向为逆时针，ω_2 与 ω_4 的方向为顺时针时，全向移动平台可在原地逆时针旋转，如图7-7（c）所示。

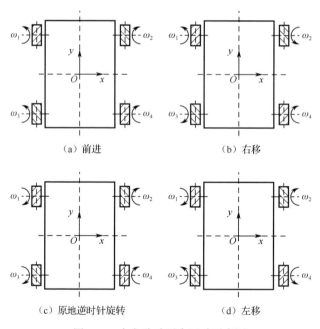

图7-7 全向移动平台运动示意图

7.2 机器人动力学

动力学是研究运动的学科,它描述的是当力和力矩作用于刚体时,刚体为什么会运行以及会怎样运动的问题。运动被认为是位置、方向及其时间导数的演变。在机器人学中,动力学方程是机器人控制的基础。研究机器人的动力学问题,目的是为了进一步讨论机器人控制的问题。

本节将在机器人运动学研究的基础上,介绍机器人动力学,重点介绍两种研究动力学的方法——牛顿-欧拉法和拉格朗日法,并以立方体机器人为例,说明如何使用拉格朗日法对机器人进行动力学分析。

7.2.1 动力学概述

在机器人中,连杆和机械臂是用刚体来建模的,因此刚体的动力学特性在机器人动力学中占有重要地位。由于机械臂的运动可分为旋转和平移,因此必须在局部坐标系$\{B_1\}$、$\{B_2\}$、$\{B_3\}$…或者全局坐标系$\{G\}$中给出运动的平移和旋转的方程。这部分内容已在 7.1 节中进行了研究。

1. 动力学研究的内容

动力学研究的内容主要涉及以下两个基本的问题[59]。

问题 1 当需要机器人连杆以一个确定的方式运动时,需要多大的力和力矩?

问题 1 被称为正向动力学,它容易求解,需要对运动方程进行微分。但依旧有很多困难要解决,如对于机械臂来说,直接指定各关节的值容易产生不自然、不协调的动作。

问题 2 如果可以完全确定作用于机器人的力,此时机器人将怎样运动?

问题 2 被称为逆向动力学,该问题的求解是比较困难的,需要对运动方程进行积分。问题 2 实质上是一个预测,即在每根连杆的初始状态给定时,预测机器人的运动。

2. 动力学研究的方法

在分析和构建机器人运动的动态数学模型时,主要采用下列两类方法[60]:

(1) 动力学的基本方法，包括牛顿-欧拉法。

(2) 拉格朗日法，特别是二阶拉格朗日方程。

第一类方法属于力的动态平衡法，需要从运动学出发得到加速度，并消去各个内作用力；但对于较复杂的系统，这类方法十分复杂。因此，本节只讨论一些比较简单的例子。第二类方法只需求速度而不必求内作用力，这是一种直截了当而简便的方法。本节主要采用这类方法来分析和求解机器人的动力学问题。我们特别感兴趣的是求得动力学问题的符号解答，因为它有助于我们对机器人控制问题的深入理解。

此外，还可以使用高斯原理（Gauss Principle）、阿贝尔方程（Appert Equation）和凯恩（Kane）法等来分析动力学问题，在此不予介绍，读者可查阅相关资料。

7.2.2 动力学分析方法

机器人的动力学方程可以采用牛顿-欧拉法和拉格朗日法来求解。由牛顿-欧拉法求得的动力学方程可以确定机器人运动所要求的执行器作用力、转矩及关节力；拉格朗日法仅仅提供能够确定执行器作用力和转矩所要求的微分方程。

1. 牛顿-欧拉法

机器人的一个连杆及其速度和加速度的特性如图7-8所示，连杆i的自由体受力图如图7-9所示。力F_{i-1}和力矩M_{i-1}是连杆$i-1$在关节i处作用于连杆i的合力和合力矩。类似地，力F_i和力矩M_i是连杆i在关节$i+1$处作用于连杆$i+1$的合力和合力矩。我们分别在局部坐标系$\{B_{i-1}\}$和局部坐标系$\{B_i\}$的原点处测量F_{i-1}、M_{i-1}和F_i、M_i。外部载荷作用于连杆i的合力和合力矩分别是$\sum F_{ei}$和$\sum M_{ei}$。在图7-8中，向量$^o r_i$是连杆i质心C_i的全局位置向量，$^o d_i$是局部坐标系$\{B_i\}$原点的全局位置向量，向量$^o \alpha_i$是连杆i的角加速度，向量$^o a_i$是连杆i在质心C_i处所测的平动加速度，在公式计算中，为了简化公式的书写，省略了符号左上角的O。另外，在公式计算中，符号左上角的字母和右下角的字母，如左上角的"0"和右下角的"i"，表示从第0根连杆到第i根连杆处该符号所表示的变量的合成；这是因为连杆系统是活动的，这些变量具有传导的作用。

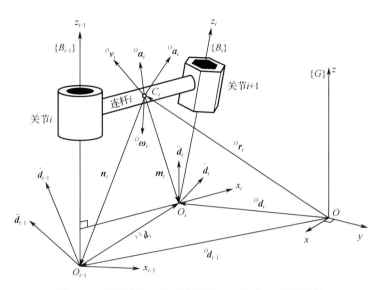

图 7-8 机器人的一个连杆及其速度和加速度的特性

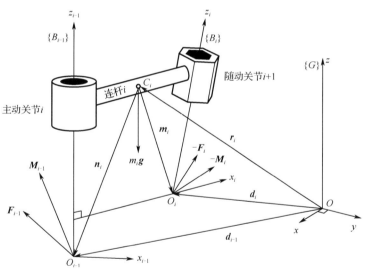

图 7-9 连杆 i 的自由体受力图

在牛顿-欧拉法中，每根连杆都是一个刚体，在全局坐标系中，平移和旋转的运动方程为：

$$M_i{}^0\boldsymbol{a}_i = {}^0\boldsymbol{F}_{i-1} - {}^0\boldsymbol{F}_i + \sum {}^0\boldsymbol{F}_{ei} \quad (7-23)$$

$${}^0\boldsymbol{I}_i{}^0\boldsymbol{\alpha}_i = {}^0\boldsymbol{M}_{i-1} - {}^0\boldsymbol{M}_i + \sum {}^0\boldsymbol{M}_{ei} + ({}^0\boldsymbol{d}_{i-1} - {}^0\boldsymbol{r}_i) \times {}^0\boldsymbol{F}_{i-1} - ({}^0\boldsymbol{d}_i - {}^0\boldsymbol{r}_i) \times {}^0\boldsymbol{F}_i \quad (7-24)$$

式中，$\boldsymbol{I}_i$ 表示转动惯量；${}^0\boldsymbol{a}_i$ 为连杆 i 在质心 C_i 处所测的平移加速度，即：

$$^0a_i = {}^0\ddot{d}_i + {}^0\alpha_i \times ({}^0r_i - {}^0d_i) + {}^0\omega_i \times [{}^0\omega_i \times ({}^0r_i - {}^0d_i)] \tag{7-25}$$

$^0\alpha_i$ 是角加速度，即：

$$^0\alpha_i = \begin{cases} {}^0\alpha_{i-1} + \ddot{\theta}_i{}^0k_{i-1} + {}^0\omega_i \times \dot{\theta}_i{}^0k_{i-1}, & \text{对于转动关节} \\ {}^0\alpha_{i-1}, & \text{对于平移关节} \end{cases} \tag{7-26}$$

重力通常是机器人的唯一外部载荷，来自环境的反作用力是作用于基体执行器和末端执行器连杆上的附加外部力学系统。基体执行器施加于第 1 根连杆上的力和力矩分别是 F_0 和 M_0，末端执行器应用于环境的力和力矩分别是 F_n 和 M_n。如果重力是连杆 i 上的唯一外部载荷，且其方向是沿着 $-k$（单位向量）的，这时有：

$$\sum {}^0F_{ei} = m_i g = -m_i g k \tag{7-27}$$

$$\sum {}^0M_{ei} = {}^0r_i \times m_i g = -{}^0r_i \times m_i g k \tag{7-28}$$

式中，g 是重力加速度向量。

牛顿-欧拉运动方程也可以用正向或者逆向的形式在连杆坐标系中表示。连杆 i 在局部坐标系 $\{B_i\}$ 中的逆向牛顿-欧拉运动方程为：

$$^iF_{i-1} = {}^iF_i - \sum {}^iF_{ei} + M_i{}^ia_i \tag{7-29}$$

$$^iM_{i-1} = {}^iM_i - \sum {}^iM_{ei} - ({}^id_{i-1} - {}^ir_i) \times {}^iF_{i-1} + ({}^id_i - {}^ir_i) \times {}^iF_i + {}^iI_i{}^i\alpha_i + {}^i\omega_i \times {}^iI_i{}^i\omega_i \tag{7-30}$$

式中，

$$^in_i = {}^id_{i-1} - {}^ir_i \tag{7-31}$$

$$^iM_i = {}^id_i - {}^ir_i \tag{7-32}$$

$$^ia_i = {}^i\ddot{d}_i + {}^i\alpha_i \times ({}^ir_i - {}^id_i) + {}^i\omega_i \times [{}^i\omega_i \times ({}^ir_i - {}^id_i)] \tag{7-33}$$

$$^i\alpha_i = \begin{cases} {}^iT_{i-1}({}^{i-1}\alpha_{i-1} + \ddot{\theta}_i{}^{i-1}k_{i-1}) + {}^iT_{i-1}({}^{i-1}\omega_{i-1} \times \dot{\theta}_i{}^{i-1}k_{i-1}), & \text{对于旋转关节} \\ {}^iT_{i-1}{}^{i-1}\alpha_{i-1}, & \text{对于平移关节} \end{cases}$$
$$\tag{7-34}$$

在这种方法中，我们可以通过已知被驱动力系统 ^iF_i 和 ^iM_i 以及合成外力系统 $^iF_{ei}$ 和 $^iM_{ei}$ 来求解驱动力系统 $^iF_{i-1}$ 和 $^iM_{i-1}$。当在局部坐标系 $\{B_i\}$ 中求解驱动力系统 $^iF_{i-1}$ 和 $^iM_{i-1}$ 时，可以将其转换到局部坐标系 $\{B_{i-1}\}$ 之中，并且对连杆 $i-1$ 应用牛顿-欧拉方程：

$$^{i-1}F_{i-1} = {}^{i-1}T_i{}^iF_{i-1} \tag{7-35}$$

$$^{i-1}\boldsymbol{M}_{i-1} = {}^{i-1}\boldsymbol{T}_i\,{}^i\boldsymbol{M}_{i-1} \tag{7-36}$$

对于连杆 i–1 来说，转换之后的力学系统中的负号表示被驱动力系统 $-^{i-1}\boldsymbol{F}_{i-1}$ 和 $-^{i-1}\boldsymbol{M}_{i-1}$。连杆 i 在局部坐标系 $\{B_i\}$ 中的正向牛顿-欧拉运动方程为：

$$^i\boldsymbol{F}_i = {}^i\boldsymbol{F}_{i-1} + \sum {}^i\boldsymbol{F}_{ei} - \boldsymbol{M}_i\,{}^i\boldsymbol{a}_i \tag{7-37}$$

$$^i\boldsymbol{M}_i = {}^i\boldsymbol{M}_{i-1} + \sum {}^i\boldsymbol{M}_{ei} + ({}^i\boldsymbol{d}_{i-1} - {}^i\boldsymbol{r}_i) \times {}^i\boldsymbol{F}_{i-1} - ({}^i\boldsymbol{d}_i - {}^i\boldsymbol{r}_i) \times$$
$$^i\boldsymbol{F}_i - {}^i\boldsymbol{I}_i\,{}^i\boldsymbol{\alpha}_i - {}^i\boldsymbol{\omega}_i \times {}^i\boldsymbol{I}_i\,{}^i\boldsymbol{\omega}_i \tag{7-38}$$

$$^i\boldsymbol{n}_i = {}^i\boldsymbol{d}_{i-1} - {}^i\boldsymbol{r}_i \tag{7-39}$$

$$^i\boldsymbol{m}_i = {}^i\boldsymbol{d}_i - {}^i\boldsymbol{r}_i \tag{7-40}$$

利用正向牛顿-欧拉运动方程，可以通过已知的作用力系统 $^i\boldsymbol{F}_{i-1}$ 和 $^i\boldsymbol{M}_{i-1}$ 计算反作用力系统 $^i\boldsymbol{F}_i$ 和 $^i\boldsymbol{M}_i$。若在局部坐标系 $\{B_i\}$ 中求反作用力系统 $^i\boldsymbol{F}_i$ 和 $^i\boldsymbol{M}_i$，则可以将其转换至局部坐标系 $\{B_{i+1}\}$ 中，即：

$$^{i+1}\boldsymbol{F}_i = {}^i\boldsymbol{T}_{i+1}^{-1}\,{}^i\boldsymbol{F}_i \tag{7-41}$$

$$^{i+1}\boldsymbol{M}_i = {}^i\boldsymbol{T}_{i+1}^{-1}\,{}^i\boldsymbol{M}_i \tag{7-42}$$

对于连杆 i+1，转换之后的力学系统中的负号表示作用力系统 $-^i\boldsymbol{F}_{i-1}$ 和 $-^i\boldsymbol{M}_{i-1}$，可以对连杆 i+1 应用牛顿-欧拉方程。正向牛顿-欧拉运动方程允许从一个已知作用力系统 $^1\boldsymbol{F}_0$ 和 $^1\boldsymbol{M}_0$ 开始，基体连杆作用于连杆 1，然后计算下一根连杆的作用力。因此，可以一个一个地分析机器人的连杆，直到末端执行器作用于环境的力学系统为止。

2. 拉格朗日法

拉格朗日运动方程为：

$$\frac{\mathrm{d}}{\mathrm{d}t}\left(\frac{\partial L}{\partial \dot{q}_i}\right) - \frac{\partial L}{\partial q_i} = Q_i \quad i = 1, 2, \cdots, n \tag{7-43}$$

$$L = K - V \tag{7-44}$$

式中，L 为拉格朗日函数；n 为连杆数量；变量 q_i 是系统选定的广义坐标；$\dot{q}_i$ 为广义速度；Q_i 是相应的常规广义力；K 为系统动能；V 为系统势能。式（7-43）和式（7-44）提供了获得机器人动态方程的一个系统方法。

对于 n 根串联连杆的机械臂，其基于牛顿-欧拉法或者拉格朗日法的运动方程可以用矩阵的形式表示，即：

$$\boldsymbol{D}(\boldsymbol{q})\ddot{\boldsymbol{q}} + \boldsymbol{H}(\boldsymbol{q}, \dot{\boldsymbol{q}}) + \boldsymbol{G}(\boldsymbol{q}) = \boldsymbol{Q} \tag{7-45}$$

式中，$\boldsymbol{D}(\boldsymbol{q})$ 是一个 $n \times n$ 惯性对称矩阵，$\boldsymbol{H}$ 是速度耦合向量，$\boldsymbol{G}$ 是重力向量，

q 表示位移向量，$\dot{q}$ 表示速度向量，$\ddot{q}$ 表示加速度向量。

为了使机器人处于静态配置，执行器必须应用一些所要求的力来平衡作用于机器人的外力。在静态状况下，连杆 i 在全局坐标系中的牛顿-欧拉方程可以用递归的形式给出，即：

$$^0\boldsymbol{F}_{i-1} = {}^0\boldsymbol{F}_i - \sum {}^0\boldsymbol{F}_{ei} \tag{7-46}$$

$$^0\boldsymbol{M}_{i-1} = {}^0\boldsymbol{M}_i - \sum {}^0\boldsymbol{M}_{ei} + {}^0\boldsymbol{d}_i \times {}^0\boldsymbol{F}_i \tag{7-47}$$

当反作用力系统 $-\boldsymbol{F}_i$ 和 $-\boldsymbol{M}_i$ 给定时，可以计算作用力系统 $\boldsymbol{F}_i$ 和 $\boldsymbol{M}_i$。

7.2.3 立方体机器人动力学分析

立方体机器人是一种外形呈立方体结构、由内置的力矩发生装置驱动的机器人。立方体机器人可以实现以立方体棱边或角点为支点的自平衡控制，是一个典型的非线性、不稳定的多自由度空间倒立摆（Inverted Pendulum）系统，可作为控制理论的理想验证平台。通过内置的力矩发生装置，立方体机器人可实现跳跃运动；多个立方体机器人还可实现群体机器人的自我组装，组合成不同结构的机器人，用于空间探索等领域。立方体机器人以其新奇的特性受到了很多学者的关注[61]。

立方体机器人以立方体棱边为支点的平衡，是实现立方体机器人以立方体角点为支点平衡的重要基础。本节所介绍的立方体机器人样机如图 7.10 所示。

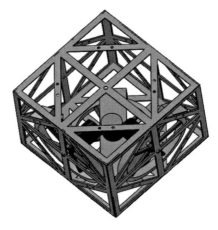

图 7-10 立方体机器人样机

图 7-10 所示的立方体机器人由 1 个立方体箱体以及相互垂直地布置在箱体 3 个面上的惯性轮组成,通过惯性轮旋转产生作用于箱体的正向或反向的驱动力矩,从而控制立方体机器人的平衡。图 7-11 所示为立方体机器人的结构示意图,定义立方体箱体和 3 个惯性轮的质心分别为 p、w_1、w_2、w_3;定义 m_p、I_p、θ 分别为立方体箱体的质量、绕质心的转动惯量和相对于竖直轴的偏转角;m_w 为惯性轮的质量;I_w、ϕ 分别为惯性轮 w_1 绕质心的转动惯量和偏转角;l_p、l_w 分别为立方体箱体质心 p、惯性轮质心 w_1 到立方体摆动支点的距离。建立固定坐标系 $\{N\}$ 和体坐标系 $\{E\}$,$(\boldsymbol{n}_1, \boldsymbol{n}_2, \boldsymbol{n}_3)$ 和 $(\boldsymbol{e}_1, \boldsymbol{e}_2, \boldsymbol{e}_3)$ 分别为这两个坐标系的单位向量,其中 $\boldsymbol{n}_1$ 指向竖直向上方向,$\boldsymbol{n}_2$ 指向水平向右方向,$\boldsymbol{n}_3$、$\boldsymbol{e}_3$ 垂直于平面向外(图中未画出),$\boldsymbol{e}_1$ 指向支点到立方体箱体质心方向,$\boldsymbol{e}_2$ 垂直于 $\boldsymbol{e}_1$、$\boldsymbol{e}_3$ 并指向左侧。

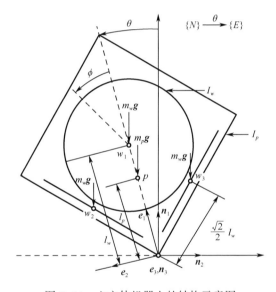

图 7-11 立方体机器人的结构示意图

立方体箱体质心(p)、惯性轮质心(w_1、w_2、w_3)的平移速度分别为:

$$\begin{cases} \boldsymbol{v}_p = l_p \dot{\theta} \boldsymbol{e}_2 \\ \boldsymbol{v}_{w_1} = l_w \dot{\theta} \boldsymbol{e}_2 \\ \boldsymbol{v}_{w_2} = \dfrac{l_w \dot{\theta}(\boldsymbol{e}_2 - \boldsymbol{e}_1)}{2} \\ \boldsymbol{v}_{w_3} = \dfrac{l_w \dot{\theta}(\boldsymbol{e}_2 + \boldsymbol{e}_1)}{2} \end{cases} \qquad (7-48)$$

立方体箱体质心（p）、惯性轮质心（w_1、w_2、w_3）的转动速度分别为：

$$\begin{cases} \boldsymbol{\omega}_p = \dot{\theta}\,\boldsymbol{e}_3 \\ \boldsymbol{\omega}_{w_1} = (\dot{\theta}+\dot{\phi})\,\boldsymbol{e}_3 \\ \boldsymbol{\omega}_{w_2} = \boldsymbol{\omega}_{w_3} = \boldsymbol{0} \end{cases} \quad (7\text{-}49)$$

在采用拉格朗日法建模时，需要将系统动能和势能表示为广义坐标的函数。定义广义坐标为 θ、ϕ，系统平移动能为：

$$T_{\text{trans}} = \frac{1}{2} m_p (\boldsymbol{v}_p^{\text{T}} \boldsymbol{v}_p) + \sum_{i=1}^{3} \frac{1}{2} m_w (\boldsymbol{v}_{w_i}^{\text{T}} \boldsymbol{v}_{w_i}), \quad i=1,2,3 \quad (7\text{-}50)$$

转动动能为：

$$T_{\text{rot}} = \frac{1}{2} (\boldsymbol{\omega}_p)^{\text{T}} I_p \, \boldsymbol{\omega}_p + \sum_{i=1}^{3} \frac{1}{2} (\boldsymbol{\omega}_{w_i})^{\text{T}} I_w \, \boldsymbol{\omega}_{w_i} \quad (7\text{-}51)$$

系统势能为：

$$\begin{aligned} V &= (m_p l_p + m_w l_w) g\cos\theta + \frac{\sqrt{2}}{2} m_w l_w g \left[\sin\left(\theta - \frac{\pi}{4}\right) + \sin\left(\theta + \frac{\pi}{4}\right) \right] \\ &= (m_p l_p + 2 m_w l_w) g\cos\theta \end{aligned} \quad (7\text{-}52)$$

则拉格朗日运动方程为：

$$\frac{\mathrm{d}}{\mathrm{d}t}\left(\frac{\partial L}{\partial \dot{q}_i}\right) - \frac{\partial L}{\partial q_i} = \tau_i, \quad i=1,2 \quad (7\text{-}53)$$

式中，$\tau_1 = 0$，$\tau_2 = n\tau$，τ 为电机产生的力矩，n 为电机与惯性轮间的减速比。

$$\begin{cases} (m_p l_p^2 + 2 m_w l_w^2 + I_p + I_w)\ddot{\theta} + I_w \ddot{\phi} = (m_p l_p + 2 m_w l_w) g\sin\theta \\ I_w(\ddot{\theta}+\ddot{\phi}) = n\tau \end{cases} \quad (7\text{-}54)$$

由于惯性轮的直流电机采用基于 PWM 电压控制方式，定义电机力矩常数为 K_t，反电动势常数为 K_b，电枢电阻为 R_m，电枢电感为 L_m，电机的电枢电压为 v，电机的电枢电流为 i，根据直流电机的动力学模型：

$$v = R_m i + L_m \frac{\mathrm{d}i}{\mathrm{d}t} + K_b n \dot{\phi} \quad (7\text{-}55)$$

以及输入力矩 $\tau = K_t i$，忽略电机的电感常数，可推导出电机的力矩方程，即：

$$\tau = \frac{K_t}{R_m} v - n \frac{K_t^2}{R_m} \dot{\phi} \quad (7\text{-}56)$$

代入式（7-54）中，可得系统动力学方程，即：

$$\begin{cases} \ddot{\theta} = \dfrac{(m_p l_p + 2m_w l_w)g\sin\theta - n\dfrac{K_t}{R_m}(v - nK_t\dot{\phi})}{m_p l_p^2 + 2m_w l_w^2 + I_p} \\ \ddot{\phi} = \dfrac{n\dfrac{K_t}{R_m}(m_p l_p^2 + 2m_w l_w^2 + I_p + I_w)(v - nK_t\dot{\phi})}{I_w(m_p l_p^2 + 2m_w l_w^2 + I_p)} - \dfrac{(m_p l_p + 2m_w l_w)g\sin\theta}{m_p l_p^2 + 2m_w l_w^2 + I_p} \end{cases} \quad (7-57)$$

7.3 机器人的传统控制

控制理论的发展大概经历了经典控制理论、现代控制理论和智能控制理论三个阶段。经典控制理论和现代控制理论可以称为传统控制理论，本节将基于传统控制理论，针对机器人的运动控制、轨迹控制以及力控制等内容进行讨论。通过本节的学习，读者可以了解机器人控制的主要类型和方法。

7.3.1 机器人的运动控制

机器人的运动控制系统主要包括两部分，即机器人的伺服电机和机器人的运动控制器。本节将主要对这两部分内容进行介绍。

1. 机器人的伺服电机

（1）机器人控制简介

机器人是一种由机械、电子、传感技术、控制工程等多学科相互渗透、紧密结合的典型机电一体化的技术密集型高技术产品，其控制方式可分为气动、液压、电液和电动等。机器人控制涉及机械装置本体的控制和伺服机构的控制，前者主要是位置控制、速度控制、坐标转换以及动作的执行等，后者则与机器人机械臂的精密点位控制、速度反馈等有关。在伺服型机器人中，需要应用各种伺服电机及其组件来实现对机器人的控制。

（2）伺服电机

伺服电机是机器人控制系统中的关键元件。伺服型机器人由机械装置本体、计算机控制、伺服系统三个主要部分组成，与非伺服型机器人相比，伺服型机器人具有更强的工作能力。伺服系统的被控量可以是机器人机械装置本体被控部分的位置、速度、加速度和力等，传感器获取的反馈信号与来自给定装置的综合信号经过计算机控制部分处理后控制伺服系统工作,使机械装置本体按照预定的轨迹和速度到达指定位置,完成相应功能。电气伺服系统具有以下优点[62]:

- 以电能作为能源,效率高,综合效率可达60%(油压仅为10%)。
- 行走机器人使用的电池供电是一种方便的独立能源。
- 电气伺服驱动系统容易与计算机连接,可实现精密、平滑、可靠、稳定的控制。
- 干净卫生,低噪声,无漏气,无漏油。

电气伺服系统又可分为直流伺服系统和交流伺服系统。

直流伺服电机存在机械结构复杂、维护工作量大等缺点,在运行过程中转子容易发热,会影响与其连接的其他机械设备的精度,难以适应高速和大容量的场合,机械换向器是直流伺服驱动技术发展的瓶颈。

交流伺服电机克服了直流伺服电机存在的电刷、换向器等机械部件所带来的缺点,特别是交流伺服电机的过负荷特性和低惯性,更体现出了交流伺服系统的优越性。在目前的实际应用中,精度更高、速度更快、使用更方便的交流伺服电机已经成为主流。

(3) 机器人对伺服电机的要求

机器人对伺服电机的主要要求如下:

① 要求伺服电机转动惯量小,具有较低的机械时间常数和电磁时间常数,以及较高的品质因数(即单位时间内可输出较大的瞬时功率)。

② 要求足够宽的调速范围,在零速度附近可控,低速运转平稳,力矩波动小。

③ 要求高的功率体积比和高的功率质量比。伺服电机通常装在机器人的运动关节上,这也成为机器人的负载,所以要求质量小、体积小。

④ 要求伺服特性好。为了使机器人能够稳定运动,在伺服定位、电机堵转时,要求伺服电机仍能输出大的力矩。

⑤ 外形要求扁薄、小巧美观。伺服电机是机器人外观的决定性因素之一,要求伺服电机要适应机器人给定的尺寸。另外,伺服电机的外形越复杂,机器人外形结构的设计就越困难,同时复杂的外形也使粉尘易于堆积。

⑥ 要求采用全封闭式的构造,可适应多粉尘、含有腐蚀性气体的生产现场。

⑦ 对环境的适应性要强,且输出的电线、电缆要柔软。

⑧ 要求易于维护。

目前，高速、高精度、小型化是伺服电机发展的主要方向。表 7.1 示出了日本安川电机株式会社早期 SGM 系列和最新 SGM7J 系列伺服电机的主要技术参数。由于新技术、新材料的应用，经过 20 余年发展，伺服电机的最高转速、最大转矩、最大电流分别提高了约 1.33 倍、1.18 倍、1.22 倍，而外形尺寸、质量分别只有原来的 59%、65% 左右，内置编码器的分辨率为原来的 8192 倍。

表 7-1 SGM 系列和 SGM7J 系列伺服电机的主要技术参数

产品系列 主要技术参数	SGM 系列	SGM7J 系列
最大转矩/（N·m）	7.1	8.36
最大电流/A	13.9	16.9
最高转速/（r/min）	4500	6000
内置编码器的分辨率/（P/r）	2^{11}	2^{24}
外形尺寸/mm	80×145	80×85
质量/kg	3.4	2.2

图 7-12 所示为日本安川电机株式会社的某内置型伺服电机，它是世界首先使用内置 GaN 功率半导体驱动器的伺服电机。即使在高频驱动时，该伺服电机也能降低驱动器和电机的损耗，提高输入输出效率；采用高放热结构，使驱动器小型化，实现内置于伺服电机的结构，在增加外部轴时也不需要增加驱动器。

图 7-12 使用内置 GaN 功率半导体驱动器的伺服电机

2. 机器人的运动控制器

（1）运动控制系统概述

运动控制系统是以电机为控制对象，以运动控制器为核心，以电力电子、功率变换装置为执行机构，在控制理论指导下组成的电气传动控制系统。典型运动控制系统的构成如图7-13所示，整个系统的控制指令由运动控制器发出。

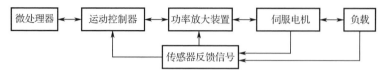

图7-13　典型运动控制系统的构成

（2）机器人的运动控制器分类

目前市场上的运动控制器有以下不同的分类方法。

① 按被控对象分类：根据应用场合的不同，可分为步进电机运动控制器、伺服电机运动控制器，以及既可以对步进电机进行控制又可以对交流伺服电机进行控制的运动控制器。

② 按结构进行分类：可分为基于计算机标准总线的运动控制器、Soft型开放式运动控制器、基于嵌入式结构的运动控制器。

③ 按控制方式分类：按照控制形式的不同，可分为点位运动控制器、连续轨迹运动控制器（又称为轮廓控制器）、同步运动控制器等。

在交流伺服和多轴控制系统中，运动控制器能够充分利用计算机资源，帮助用户实现运动轨迹规划，完成既定运动和高精度的伺服控制。运动控制技术将不断和交流伺服驱动技术、直流电机驱动技术等相结合，促使机电一体化技术不断发展。

图7-14所示为NI公司的机器人运动控制器NI7342，该运动控制器可作为伺服系统的核心对运动系统进行控制。

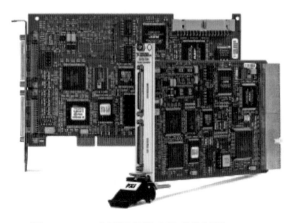

图7-14　NI公司的机器人运动控制器NI7342

7.3.2 机器人的轨迹规划和轨迹控制

机器人的轨迹是指机器人在运动过程中的位移、速度和加速度的变化。机器人的路径是机器人位姿的一定序列,而不考虑机器人位姿参数随时间的变化。具体来说,机器人的路径是指机器人所跟踪的空间曲线,它与时间无关;而机器人的轨迹则是指机器人在其路径上中间位姿的时间顺序,与时间有关,它与路径的区别在于是否引入时间变量。本节主要讨论机器人轨迹规划和轨迹控制。

1. 轨迹规划

(1) 轨迹规划的基本概念

机器人的轨迹规划在机器人的控制中具有重要作用,直接影响着控制的准确性和快速性。机器人的规划是指机器人根据自身任务,设计完成这一任务解决方案的过程,包括任务规划、动作规划、轨迹规划,其中轨迹规划是基础。轨迹规划是根据任务的要求计算出预期的运动路径,然后根据此预期运动路径,实时计算机器人运动的位移、速度、加速度并生成运动轨迹;其主要方法包括多项式插值法、最小时间优化法、最小能量法等[64]。

机器人轨迹规划属于机器人的底层规划,基本不涉及人工智能,而是在机器人运动学和动力学的基础上讨论在关节空间和笛卡儿空间中机器人运动的轨迹及其生成方法。

在规划机器人的轨迹时,还需要弄清楚在其路径上是否存在障碍物(障碍约束)。根据路径约束和障碍约束,可把机器人的轨迹规划方式划分为四类,如表 7.2 所示。

表 7-2 机器人的轨迹规划方式

机器人的轨迹规划		障 碍 约 束	
		有	无
路径约束	有	离线无障碍路径规划+在线路径跟踪	离线路径规划+在线路径跟踪
	无	位置控制+在线障碍探测和规避	位置控制

最常用的机器人轨迹规划方法有两种。

第一种方法是:要求用户对选定的转变节点(插值点)上的位姿、速度和加速度给出一组显式约束（如连续性和光滑程度），在轨迹规划时对节点进行插值，并满足约束条件。

第二种方法是：要求用户给出运动路径的解析式，如笛卡儿空间中的直线路径，然后在关节空间或笛卡儿空间中确定一条轨迹来逼近预定的路径[65]。

轨迹规划既可以在关节空间进行，也可以在笛卡儿空间进行，但是所规划的轨迹函数都必须是连续和平滑的，以保证机器人运动的平稳性。在关节空间进行轨迹规划时，将关节变量表示成时间的函数，并求关节变量关于时间的一阶和二阶导数。在笛卡儿空间进行轨迹规划时，将末端执行器的位姿、速度和加速度表示为空间的函数，而相应关节的位移、速度和加速度由末端执行器的动力学信息导出。通常，可通过机器人运动方程反推出关节位移，通过雅可比逆矩阵求出关节的速度，并通过雅可比逆矩阵及其导数求解关节的加速度。在关节空间进行规划时，大量的工作是对关节变量进行插值运算。

（2）机器人轨迹规划的插值方法

机器人的轨迹规划，本质上是实现轨迹离散的过程。如果这些离散点间隔很大，机器人轨迹就会和预期的轨迹有较大的误差。只有这些离散点彼此很近时，才有可能使机器人以足够的准确度逼近预期的轨迹。通常，可采用定时插值和定距插值两种方法来保证轨迹规划的不失真和运动的连续平滑。

常用的机器人轨迹规划的插值方法如下：

① 定时插值与定距插值。以平面内的直线轨迹为例，假设预期的轨迹为一条直线，机器人运动速度为 v（mm/s），时间间隔为 T（ms）。每个时间间隔 T 内机器人运动的距离为：

$$P_i P_{i+1} = vT \tag{7-58}$$

两个插值点之间的距离正比于运动速度，但在这两个插值点之间的轨迹是不受控制的；只有插值点之间的距离足够小时，才能以可接受的误差逼近预期的轨迹。这就是定时插值。定时插值方法易于机器人控制系统实现，大部分机器人都采用这种方法；但在要求以更高的精度实现轨迹规划时，就需要采用定距插值方法。

从式（7-58）可知：v 是运动速度，不能变化；如果要求两个插值点之间的距离 $P_i P_{i+1}$ 变为一个足够小的值，以保证轨迹的精度，就需要 T 随着运动速度的变化而变化。

定时插值方法和定距插值方法的基本算法是一样的。只是，前者的 T 固定，易于实现；后者可保证轨迹精度，但 T 要随运动速度的变化而变化，实现起来稍困难。

② 直线插值方法和圆弧插值方法。这两种插值方法是机器人轨迹规划中不可或缺的基本插值方法。对于非直线轨迹，可以采用直线或圆弧逼近。

直线插值方法是在已知直线始末两点的位置和姿态的条件下，求轨迹中间点（插值点）的位置和姿态。由于在大多数情况下机器人是沿直线运动的，其姿态不变，所以无姿态插值；如果姿态发生变化，就需要姿态插值。

③ 关节空间法。除上述方法外，还可以用关节角度的函数来描述机器人轨迹，即通过关节空间法进行轨迹插值。关节空间法不需要在坐标系中描述两个点之间的路径形状，计算简单，而且由于关节空间和笛卡儿空间之间的对应关系是连续的，因此不会发生坐标的奇异问题。

(3) B 样条曲线（B-Spline Curve）轨迹规划

对于关节空间的路径规划，一般都采用多项式插值法；但多项式插值法产生的波动问题比较明显，可能会引起机械臂碰撞物体，而且不能很好地通过给定点，只能逼近给定点。样条函数不仅可以满足轨迹上每一点的连续性要求，还可以提供满足约束条件的最短路径，也可以克服多项式插值法所产生的波动问题；但普通的样条函数必须一次完成所有系数的运算，当轨迹中间点过多时，计算量较大。由于 B 样条函数计算量小，所有控制点是一次计算出来的，而轨迹是分段构造的，故控制点可离线控制，轨迹段可在线控制，因而实时性较好。B 样条曲线具有导数的连续性、分段处理性、关节位移变化率小、局部支撑性等优点，但是在机器人轨迹规划中运用得比较少。

机器人在作业空间要完成给定的任务，其运动必须按一定的轨迹进行。轨迹的生成一般是先给定轨迹上的若干个点，将其经运动方程映射到关节空间，对关节空间中的相应点建立运动方程，然后按这些运动方程对关节进行插值，从而满足作业空间的运动要求。这一过程通常称为轨迹规划。

2. 轨迹控制

下面讨论轨迹控制的问题。

（1）示教-再现法

示教-再现法是机器人轨迹控制中最简单直观的方法，又称为轨迹记录-再现法。采用示教-再现法的机器人的典型实际是喷漆机器人，其轨迹控制如

图 7-15 所示。

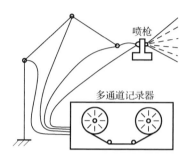

图 7-15 喷漆机器人的轨迹控制

示教-再现法由示教过程和再现过程组成。

① 示教过程。以喷漆机器人为例,整个示教过程包括以下步骤:有经验的喷漆工人使用喷枪完成喷漆的全过程;在机器人的每个关节处装有电位计式角度传感器或其他形式的角度传感器,它们会在喷漆过程中观测每个关节的角位置;通过多通道记录器将每个关节与一个通道相连接,并在多通道记录器中记录各关节的角位置,操作人员的每组操作都是通过一组瞬时关节角位置来实现的,并被实时地记录下来。

② 再现过程。整个再现过程包括以下步骤:多通道记录器将所记录的各个关节的角位置传输给相应关节上的执行元件,以实现相应的关节角;机器人按时间顺序完成在示教过程中所记录下的角位置。

③ 示教-再现法的优缺点。优点是简单,所获得的机器人轨迹在物理上是可以实现的;缺点是被处理的工件必须始终处于指定的位置。对于喷漆机器人来说,小的位置误差并不重要;但对于焊接机器人来说,位置精度就是关键性的要求。另外,在示教过程中,操作人员必须进入工作空间,这就导致潜在危险的存在;若环境改变,机器人轨迹也应改变,而示教-再现法不具备适应环境变化的能力。

(2) 笛卡儿运动与机器人轨迹控制方案设计

这里主要介绍根据笛卡儿运动进行机器人轨迹控制方案设计的思路。

① 离线轨迹控制与在线轨迹控制。机器人轨迹控制可分为离线轨迹控制和在线轨迹控制。所谓离线轨迹控制,指所需的计算在机器人运动前就已完成;而在线轨迹控制指所需的计算在机器人运动的过程中实时地完成。这里主要介绍机器人离线轨迹控制的概念。

② 表示机器人所处状态的两种方法如图7-16所示。其中，一种方法是在笛卡儿空间用 x、y、z、ϕ_x、ϕ_y、ϕ_z 来表示机器人的位姿；另一种方法是在关节空间用 θ_1、θ_2、θ_3、θ_4 和 θ_5 来表示机器人的位姿。

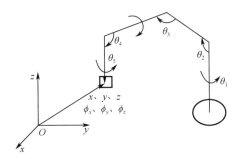

图7-16 表示机器人所处状态的两种方法

③ 机器人离线轨迹控制如下：

（a）选择机器人运动的总时间，将其分成等间隔的 Δt。

（b）找出每个 Δt 时刻描述机器人位姿的齐次变换矩阵 ${}^B\boldsymbol{T}_H$。

（c）根据 ${}^B\boldsymbol{T}_H$ 即可得到相应的 x、y、z、ϕ_x、ϕ_y、ϕ_z，通过逆变换可得到对应的 θ_1、θ_2、θ_3、θ_4、θ_5。

机器人位姿的速度可通过调整 Δt 的大小来控制。为了避免过大的加速度，在进行机器人轨迹控制时，应将机器人运动设计成加速、匀速和减速三种形式（如图7-17所示），以保证机器人移动的平稳性。图7-17中的点具有相等的 Δt。

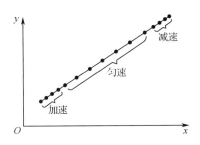

图7-17 操作机加速、匀速和减速运动

（3）轨迹控制多项式

上面所说的加速、匀速和减速三种形式，可用轨迹控制多项式来实现。图7-18所示为一种典型的平稳运动轨迹。

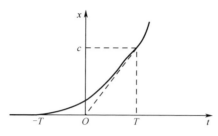

图 7-18　一种典型的平稳运动轨迹

平稳运动轨迹具有如下特征：
① 运动的位置、速度和加速度都是时间的连续函数。
② 为了简化运动的表示，不失一般性，可令运动从 $t=-T$ 开始。
③ 当 $t=T$ 时，$x=c$，此时的速度 $\dot{x}=c/T$。

在运动的两个瞬间 $t=T$ 和 $t=-T$ 的位置、速度和加速度分别为：

$$x(-T)=0, \quad \dot{x}(-T)=0, \quad \ddot{x}(-T)=0$$
$$x(T)=c, \quad \dot{x}(T)=c/T, \quad \ddot{x}(T)=0 \quad (7-59)$$

轨迹控制多项式可表示为：

$$x(t)=a_4 t^4 + a_3 t^3 + a_2 t^2 + a_1 t^1 + a_0 \quad (7-60)$$

对式（7-60）进行一阶、二阶求导，代入式（7-59），求得轨迹控制多项式的各项系数为：

$$a_4=\frac{c}{16T^2}, \quad a_3=0, \quad a_2=\frac{3c}{8T^2}, \quad a_1=\frac{c}{2T}, \quad a_0=\frac{3c}{16} \quad (7-61)$$

由式（7-61）可见，轨迹控制多项式的各项系数都与 c 成正比。

（4）笛卡儿控制

笛卡儿控制的步骤如下：

① 执行预先计算的轨迹。为使机器人能够执行预先计算的轨迹，需要完成以下任务：

（a）离线轨迹计算；

（b）实时跟踪给定的轨迹。

② 以速度为依据的轨迹计算。这种方法能够以最小的在线计算量给出一组给定值。可将轨迹 $\theta(t)$ 分为几个直线段，每个直线段的 θ 角的角速度为常数，这样就可以用简单的速度伺服器来控制机器人的运动，在每个直线段给出一个新的 θ 角作为速度控制的给定值。

③ 实时笛卡儿控制。实时笛卡儿控制是最通用和最精准的控制方式。例如，当机器人处理一个运动着的传送带上的零件时，矩阵$^C T_P$为零件（坐标系$\{P\}$）相对于传送带（坐标系$\{C\}$）的齐次变换矩阵，当零件通过某一个传感器时可获得这个传感器的观测量；$^U T_C$是传送带（坐标系$\{C\}$）相对于全局坐标系$\{U\}$的齐次变换矩阵；$^B T_H$是机械臂（坐标系$\{H\}$）相对于基座（坐标系$\{B\}$）的齐次变换矩阵。于是有：

$$^B T_H = {^U T_B}^{-1} \cdot {^U T_C} \cdot {^C T_P} \tag{7-62}$$

实时地完成上述计算便可以获得机器人机械臂的位姿。这一实时计算只有在满足现代高速大容量计算机、机器人运动角变化缓慢、精确的定位极其重要等条件时才可采用。

7.3.3 机器人的力控制

1. 机器人的力和力控制种类

7.3.2 节讨论的机器人轨迹规划和轨迹控制，能够确保机器人末端执行器与外界环境无接触时实现很好的位置跟踪；但当机器人在运动过程中与外界环境接触时，就需要机器人具有对接触力的感知和控制能力。纯粹的机器人轨迹控制会导致机器人与外界环境的作用力不断增大，从而损坏机器人和外界环境，所以机器人不仅需要轨迹控制，还需要力控制[67]。机器人的力控制主要讨论的是机器人与外界环境接触时的控制问题，即柔顺控制。柔顺分为主动柔顺和被动柔顺两类。机器人凭借一些辅助的柔顺机构，使其在与外界环境接触时能够对外部作用力产生自然顺从，称为被动柔顺；机器人利用力的反馈信息，采用一定的控制策略去主动实现力控制，称为主动柔顺[68]。

机器人与外界环境的相互作用将产生作用于机器人末端执行器的力和力矩，可用图 7-19 所示的腕力传感器去观测力和力矩，并将所得到的反馈用于柔顺控制。一般用 $F = [F_x, F_y, F_z, n_x, n_y, n_z]^T$ 表示机器人末端执行器受到的外力和外力矩向量。设驱动装置对各关节施加的关节力矩为 τ，末端执行器的虚位移为 δx，关节虚位移为 $\delta \theta$，则雅可比矩阵为 $J(\theta)$，满足：

$$\delta x = J(\theta) \delta \theta \tag{7-63}$$

广义力可以通过计算这些力所做的虚功来得到，虚功为：

$$\delta w = F^T \delta x + \tau^T \delta \theta \tag{7-64}$$

因此在外力 F 作用下，广义坐标 θ 对应的广义力可表示为：

$$F_\theta = \tau + J(\theta)^T F \qquad (7-65)$$

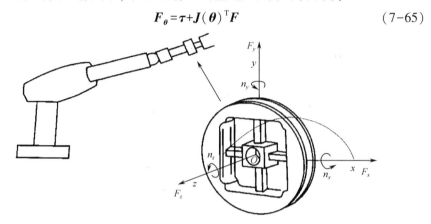

图 7-19　典型的腕力传感器及其在末端执行器中的位置

为了便于描述力控制任务，需要定义一种新的正交坐标系，称为柔顺坐标系，也称为约束坐标系、任务坐标系或作业坐标系。在该坐标系中，任务可以被描述为沿各个坐标轴的位姿控制和力控制，对于其中的任何一个自由度（沿三个坐标轴的移动和绕三个轴的转动），要么要求力控制，要么要求位姿控制，两者只能取其一。这里所说的位姿控制包括位置和姿态控制，力控制通常还包括力矩控制。当某个自由度是位姿自由度时，它必然受到力的约束，因而只能进行位姿控制，而不能进行力控制；反之亦然。这种位姿控制和力控制之间的对偶关系可以通过自然约束和人为约束来描述[69]。自然约束是由任务的几何结构所确定的约束关系，人为约束则是根据任务的要求人为给定的期望的运动位姿和力。例如，图 7-20 所示的销钉入孔，柔顺坐标系固定在销钉上，原点在销钉的轴上，则对应的约束条件如下。

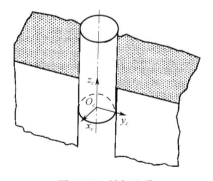

图 7-20　销钉入孔

自然约束为:
$$v_x=0,\ v_y=0,\ f_z=0,\ \omega_x=0,\ \omega_y=0,\ \omega_z=0$$
人为约束为:
$$f_x=0,\ f_y=0,\ v_z=v_{dz},\ \tau_x=0,\ \tau_y=0,\ \tau_z=0$$

2. 阻尼力控制

阻尼力控制的特点是不直接控制机器人与环境的作用力,而是根据机器人末端执行器的位姿(或速度)和末端执行器作用力的关系,通过调整位姿误差、速度误差或刚度来达到控制力的目的,此时接触过程中的弹性变形尤为重要。阻尼力的控制不外乎基于位姿和速度的两种基本形式。当把力的反馈信号转换为位置修正量时,这种控制称为刚度控制;当把力的反馈信号转化为速度修正量时,这种控制称为阻尼控制;当把力的反馈信号同时转化为位姿和速度修正量时,即为阻抗控制。

图 7-21 为阻抗控制结构示意图,其核心为力矩/运动变换矩阵 $\boldsymbol{K}$ 的设计,运动修正矩阵为 $\delta \boldsymbol{X} = \boldsymbol{K} \cdot \boldsymbol{F}$。从力控制的角度来看,希望矩阵 $\boldsymbol{K}$ 中元素越大越好,系统会柔一些;从位姿控制的角度来看,希望矩阵 $\boldsymbol{K}$ 中的元素越小越好,系统会刚一些。

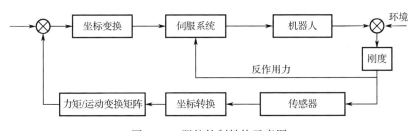

图 7-21 阻抗控制结构示意图

3. 相互力控制

为满足对机器人进行高精度定位的要求,需要具有高精度的刚性结构,这对力控制而言相当困难,被动柔顺常用来解决该问题。虽然被动柔顺具有响应快、成本低廉的优点,但它的应用受到一定的限制,缺乏灵活性。主动柔顺是通过控制方法来实现的,对于不同的任务,可以通过改变控制算法来获得所需的柔顺功能。主动柔顺具有更大的灵活性,但由于其柔顺性是通过软件来实现的,因而其响应速度不如被动柔顺快。对于需要柔顺控制的任务,在完成任务的整个过程中,往往需要在任务的不同阶段采用不同的控制策略。

实现柔顺控制的方法主要有两类：一类是阻抗控制；另一类是力和位姿的混合控制（动态混合控制）。阻抗控制不直接控制期望的力和位姿，而是通过控制力和位姿之间的动态关系来实现柔顺控制的，这样的动态关系类似于电路中的阻抗概念。在机械臂上施加一个作用力，相应地便会产生一个运动（如速度）。如果只考虑静态，力和位姿之间的关系则可以用刚性矩阵描述；如果考虑力和速度之间的关系，则可以用黏滞阻尼矩阵来描述。阻抗控制是通过适当的控制方法使机械臂呈现需要的刚性和阻尼的。动态混合控制的基本思想是在柔顺坐标系空间中将任务分解为沿某些自由度的位姿控制和沿另一些自由度的力控制，并在该空间分别对位姿控制和力控制进行计算，然后将计算结果转换到关节空间，并合并为统一的关节控制力矩，从而驱动机械臂来实现所需的柔顺功能。

下面介绍一种工业机器人抛光作业的主动柔顺系统。仅仅依靠位姿控制无法满足抛光作业过程中的恒力要求，同时也无法满足加工工件表面的质量要求，因此设计了一种主动柔顺的机器人恒力抛光系统[70]。该系统不仅可以在抛光作业过程中满足恒力要求，还可以兼顾机器人的灵活性，并能够加工复杂曲面的工件。机器人恒力抛光系统的组成如图7-22所示。

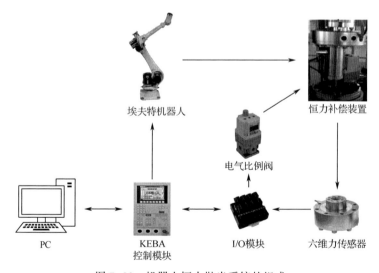

图7-22　机器人恒力抛光系统的组成

① 根据在抛光作业过程中对恒力的要求，设计了恒力补偿装置。恒力补偿装置的重力补偿分析示意图如图7-23所示。

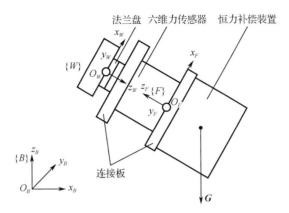

图 7-23 恒力补偿装置的重力补偿分析示意图

如果机器人的全局坐标系 $\{B\}$、腕部坐标系 $\{W\}$、六维力传感器坐标系 $\{F\}$ 的方向都已确定,则可得到全局坐标系相对于六维力传感器坐标系的姿态变换矩阵 ${}^{F}\boldsymbol{R}_{B}^{-1}$,即:

$${}^{F}\boldsymbol{R}_{B}^{-1} = \begin{bmatrix} n_x & o_x & a_x \\ n_y & o_y & a_y \\ n_z & o_z & a_z \end{bmatrix} \tag{7-66}$$

由此可知恒力补偿装置的重力在六维力传感器坐标系 $\{F\}$ 中可表示为:

$$\boldsymbol{G}_F = {}^{F}\boldsymbol{R}_{B}^{-1} \times \boldsymbol{G}_B \tag{7-67}$$

则在机器人末端执行器运动到任意点时,抛光系统与外界环境之间的实际接触力的大小为:

$$\boldsymbol{F}_{pz} = \boldsymbol{F}_z + \boldsymbol{G} \times \boldsymbol{a}_z \tag{7-68}$$

式中,$\boldsymbol{F}_{pz}$ 表示在六维力传感器坐标系 $\{F\}$ 中 z_F 方向抛光工具与工件实际接触的力;$\boldsymbol{F}_z$ 表示在六维力传感器坐标系 $\{F\}$ 中 z_F 方向上所测得的力。

② 建立恒力过程中的控制策略。这里采用工程中比较常见的模糊 PID 控制。实验结果如图 7-24 和图 7-25 所示,可以明显地看出,使用主动柔顺后工件粗糙度明显降低,其变化范围更稳定。

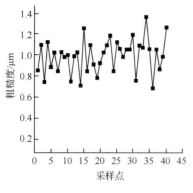

图 7-24 抛光前粗糙度图

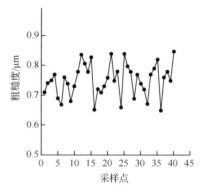

图 7-25 抛光后粗糙度图

7.4 机器人的智能控制

机器人控制的方法是多种多样的。在机器人这一优良的"试验田"中，不仅传统控制技术得到不同程度的体现和应用，而且智能控制（如专家控制、模糊控制、神经网络控制、递阶控制等）也得到了广泛的应用[71]。本节首先阐述智能控制的基本概念，然后讨论几种智能控制系统及其应用，包括专家控制系统、模糊控制系统、神经网络控制系统。

7.4.1 智能控制概述

传统控制系统在应用中面临的难题包括[72]：

① 传统控制系统的设计与分析，是建立在已知系统精确的数学模型的基础上的；而实际中由于系统存在复杂性、非线性、时变性、不确定性和不完全性等，一般无法获得精确的数学模型。

② 在研究传统控制系统时，必须遵循一些比较苛刻的假设，而这些假设往往与实际应用不相吻合。

③ 为了提高性能，传统控制系统可能变得很复杂，会增加设备的成本和维护费用，降低系统的可靠性。

目前，人工智能的产生和发展为自动控制的智能化提供了有力支持。为了解决传统控制系统所面临的难题，一方面要推进控制硬件、软件和人工智能的结合，实现控制系统的智能化；另一方面要实现自动控制科学、信息科学、系统科学以及人工智能的结合，为自动控制提供新思想、新方法和新技术，创立边缘交叉新学科，推动智能控制的发展。

所谓智能控制，是指设计一个控制器（或系统），使之具有学习、抽象、推理、决策等功能，并能根据环境（包括被控对象或被控过程）信息的变化做出适应性反应，从而自动实现原来由人完成的任务。智能控制的处理方法不同于传统控制理论，其控制器不再是单一的数学模型，而是数学模型和知识系统相结合的广义模型。

7.4.2 智能控制系统分类及应用

智能控制系统可分为专家控制系统、模糊控制系统、神经网络控制系统、学习控制系统等。在实际中，这几种控制系统往往是结合在一起应用的，从而形成了混合或集成控制系统。不过，为了便于说明，本节将对它们分别进行讨论。

1. 专家控制系统

（1）专家控制系统概述

在传统控制系统中，系统的运行排斥人为的干预，人机之间缺乏交互，控制器对被控对象的环境参数和结构等的变化缺乏应变能力。20世纪80年代初，人工智能中专家系统的思想和方法开始被引入控制系统的研究和工程应用中。专家系统主要面临的是各种非结构化的问题，它能处理定性的、启发式的或不确定的知识信息，经过各种推理来达到系统的任务目标。专家系统这一特点为人们解决传统控制系统的局限性提供了重要的启示，两者的结合产生了专家控制系统[72]。

（2）专家系统的定义

专家系统是一类包含知识和推理的智能计算机程序，其内部包含某领域专家水平的知识和经验，具有解决专门问题的能力。

专家系统主要由知识库和推理机构成，其结构示意图如图7-26所示。

（3）专家系统的建立步骤

① 知识库。知识库是知识的存储器，用于存储某领域专家的经验性知识和有关的事实、一般常识等。知识库中的知识来自知识获取机构，同时它又为推理机提供求解问题所需的知识。

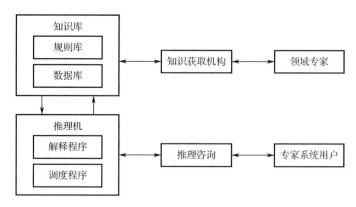

图 7-26　专家系统结构示意图

知识库包含多种功能模块，主要有知识查询、检索、增删、修改和扩充等。知识库通过人机接口与领域专家相沟通，从而实现知识的获取。

② 推理机。推理机是专家系统的"思维"结构，实际上是求解问题的计算机软件系统。其主要功能是协调和控制专家系统，决定如何选用知识库中的有关知识。

③ 人机接口的设计。人机接口将用户输入的信息转换成系统内规范化的表示形式，然后交给相应模块去处理；将系统输出的信息转换成易于用户理解的表示形式并显示给用户，回答用户提出的"为什么""结论是如何得到的"等问题。

（4）专家控制系统

① 专家控制系统的结构。专家控制系统的基本结构如图 7-27 所示。

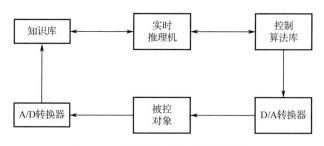

图 7-27　专家控制系统的基本结构

② 与专家系统的区别。专家控制系统引入了专家系统的思想，但与专家系统存在以下区别。

（a）专家系统能完成专门领域的功能，辅助用户决策；专家控制系统能进行独立的、实时的自动决策。专家控制系统对可靠性和抗干扰性有着比专家系统更高的要求。

（b）专家系统处于离线工作方式，而专家控制系统要求在线获取反馈信息，即要求在线工作。

（5）机器人的专家控制系统

专家控制系统在工业生产和日常生活中的应用非常广泛，如锅炉的温度控制、专家PID控制等，其中专家PID控制最为常见。

专家PID控制是将专家的经验做成知识库，并根据控制过程中的误差变化情况来实时调整PID的参数值，以达到更加稳定、可靠的控制效果。图7-28所示为专家PID控制的原理框图。

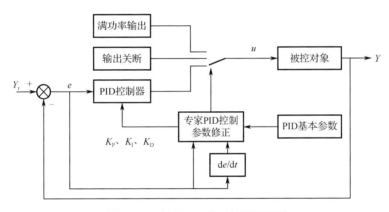

图 7-28 专家 PID 控制的原理框图

2. 模糊控制系统

（1）模糊控制系统概述

模糊控制系统是在人工经验的基础上建立的。对于一个熟练的操作人员，他往往可以凭借丰富的实践经验，采取适当的对策来巧妙地控制一个复杂的过程。如果能将这些熟练操作人员的实践经验加以总结和描述，并用语言表达出来，就会得到一种定性的、不精确的控制规则；如果用模糊数学将这些控制规则进行量化，就可转化为模糊控制算法，从而形成模糊控制系统。

模糊控制系统尚无统一的定义。从广义上讲，可将模糊控制系统定义为"以模糊集合理论、模糊语言变量及模糊推理为基础的一类控制系统"，或定义为"采用模糊集合理论和模糊逻辑，同传统的控制理论相结合，模拟人的思维方式，对难以建立数学模型的被控对象实施的一种控制系统"。

模糊控制系统具有以下特点：

① 不需要被控对象的数学模型。因为模糊控制系统是以人对被控对象的控制经验为依据而设计的控制系统，故无须知道被控对象的数学模型。

② 它是一种反映人类智慧的智能控制系统，采用人类思维中的模糊量，如"高""中""低""大""小"等，控制量由模糊推理导出。这些模糊量和模糊推理是人类智能活动的体现。

③ 易于被人们接受。模糊控制系统的核心是控制规则，而控制规则是用语言来表示的，如"今天气温高，则今天天气暖和"等。

④ 构造容易，其控制规则易于用软件实现。

⑤ 鲁棒性和适应性好，通过专家经验设计的控制规则可以对复杂的被控对象进行有效的控制。

（2）模糊集合

模糊集合的概念是由美国加利福尼亚大学著名的教授洛特菲·扎德（Lotfi A. Zadeh）于1965年首先提出来的。模糊集合的引入，可将人的判断、思维过程用比较简单的数学形式直接表示出来[73]。模糊集合理论为人类提供了能充分利用语言信息的有效工具，是模糊控制系统的数学基础。

（3）隶属函数

普通集合是用特征函数表示的，而模糊集合是用隶属函数表示的。隶属函数很好地描述了事物的模糊性，它具有以下两个特点：

- 隶属函数的值域为$[0,1]$。隶属函数将普通集合的只能取0、1两个值，推广到$[0,1]$闭区间上的连续取值。隶属函数的值$\mu_A(x)$越接近1，表示元素x属于模糊集合A的程度越大；反之，$\mu_A(x)$越接近于0，表示元素x属于模糊集合A的程度越小。
- 隶属函数完全刻画了模糊集合，不同的隶属函数所描述的模糊集合也不同。隶属函数是模糊数学的基本概念。

下面介绍几种常见的隶属函数：

① 高斯型隶属函数。高斯型隶属函数由两个参数σ和c确定，即：

$$\mu_A(x) = e^{-\frac{(x-c)^2}{2\sigma^2}} \tag{7-69}$$

式中，参数σ为标准方差，表示曲线的宽度；参数c用于确定曲线的中心。

② 梯形隶属函数。梯形隶属函数可由参数a、b、c、d确定，即：

$$\mu_A(x) = \begin{cases} 0, & x \leq a \\ \dfrac{x-a}{x-b}, & a < x \leq b \\ 1, & b < x \leq c \\ \dfrac{d-x}{d-c}, & c < x \leq d \\ 0, & x > d \end{cases} \quad (7\text{-}70)$$

式中，参数 a、d 确定梯形的"脚"，而参数 b、c 确定梯形的"肩膀"。

③ 三角形隶属函数。三角形隶属函数由参数 a、b、c 确定，即：

$$\mu_A(x) = \begin{cases} 0, & x \leq a \\ \dfrac{x-a}{b-a}, & a < x \leq b \\ \dfrac{c-x}{c-b}, & b < x \leq c \\ 0, & x > c \end{cases} \quad (7\text{-}71)$$

式中，参数 a 和 c 确定三角形的"脚"，而参数 b 确定三角形的"峰"。

(4) 模糊函数的确定方法

隶属函数是模糊控制系统的基础，但目前还没有成熟的方法来确定隶属函数，主要还停留在基于经验和实验的方法。通常的方法是初步确定粗略的隶属函数，然后通过学习和实践来不断地调整和完善。遵照这一原则的隶属函数选择方法有以下几种[74]：

① 模糊统计法。根据所提出的模糊概念进行调查统计，提出与之对应的模糊集合 A，通过统计实验，确定不同元素属于 A 的程度（隶属度），即：

$$\text{元素} u_0 \text{对模糊集合} A \text{的隶属度} = \frac{u_0 \in A \text{ 的次数}}{\text{实验总次数} N} \quad (7\text{-}72)$$

② 主观经验法。当论域为离散论域时，可根据主观认识，结合个人经验，经过分析和推理，直接给出隶属度。这种确定隶属函数的方法已经被广泛应用。

③ 神经网络法。利用神经网络的学习功能，由神经网络自动生成隶属函数，并通过神经网络的学习自动调整隶属函数的值。

(5) 模糊语句和模糊推理

将含有模糊概念的语法规则所构成的语句称为模糊语句。模糊语句根据其语义和构成语法规则的不同，可分为以下几种类型。

① 模糊陈述句。该语句本身具有模糊性，又称为模糊命题，如"今天天气很热"。

② 模糊判断句。这是模糊逻辑中最基本的语句，其形式为"x 是 a"，记为(a)，且 a 所表示的概念是模糊的，如"张三是好学生"。

③ 模糊推理句。该语句的形式为"若 x 是 a，x 是 b，则 $(a) \to (b)$ 为模糊推理语句"，如"今天是晴天，则今天暖和"。

(6) 模糊控制系统的基本原理

模糊控制（Fuzzy Control）系统是以模糊集合、模糊语句和模糊推理为基础的一种智能控制系统，它在行为上模仿人的模糊推理和决策过程。该系统首先将操作人员或专家经验编成模糊规则，然后将来自传感器的实时信号模糊化，将模糊化后的信号作为模糊规则的输入，完成模糊推理，最后将推理后所得到的输出量加到执行器上[75]。模糊控制系统的基本原理框图如图 7-29 所示，其中虚线框所示的模糊控制器的控制规律由计算机实现。实现模糊控制的过程为：计算机首先通过中断采样获取被控制量的精确值；然后将被控制量与给定值比较得到误差信号，一般将误差信号 e 作为模糊控制器的一个输入量，把误差信号 e 的精确量通过模糊化变成模糊量，误差信号 e 的模糊量可用相应的模糊语句表示，得到误差信号 e 的模糊语句集合的一个值 E（E 是一个模糊向量）；最后由 E 和模糊关系根据推理的合成规则进行模糊决策，得到控制量 u。

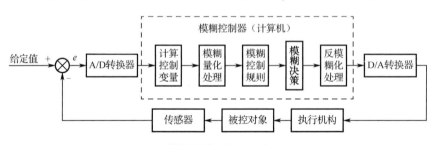

图 7-29　模糊控制系统的基本原理框图

(7) 模糊控制器的设计

实现模糊控制器的最简单的方法，是将一系列模糊规则离线转化为一个模糊规则表并存储在计算机中，供在线控制时使用。这种模糊控制器的结构简单、使用方便，是最基本的一种形式。本节以单变量二维模糊控制器为例，介绍这种形式的模糊控制器的设计步骤，其设计思想是设计其他模糊控制器的基础，具体的设计步骤如下[75]：

① 设计模糊控制器的结构。单变量二维模糊控制器是最常见的结构形式。

② 定义输入和输出的模糊集合。将误差信号 e、误差信号变化 e_c、控制量 u 的模糊集合及其论域定义为 $\{NB, NM, NS, ZO, PS, PM, PB\}$。

③ 确定输入和输出的隶属函数。确定误差信号 e、误差信号变化 e_c、控制量 u 的模糊集合和论域后，需要确定隶属函数，即对模糊变量赋值，确定论域内元素对模糊变量的隶属度。

④ 建立模糊规则。根据人的直觉思维推理，由系统输出的误差信号及误差信号变化来设计消除系统误差的模糊规则。模糊语句构成了描述众多被控过程的模糊模型。在条件语句中，误差信号 e、误差信号变化 e_c 及控制量 u 对于不同的被控对象有着不同的意义。

⑤ 建立模糊规则表。上述的模糊规则可采用模糊规则表来表示，如表 7-3 所示。

表 7-3 模糊规则表

	u	e						
		NB	NM	NS	ZO	PS	PM	PB
e_c	NB	NB	NB	NM	NM	NS	NS	ZO
	NM	NB	NM	NM	NS	NS	ZO	PS
	NS	NM	NB	NS	NS	ZO	PS	PS
	ZO	NM	NS	NS	ZO	PS	PS	PM
	PS	NS	NS	ZO	PS	PS	PM	PM
	PM	NS	ZO	PS	PM	PM	PM	PB
	PB	ZO	PS	PS	PM	PM	PB	PB

⑥ 模糊推理。模糊推理是模糊控制器的核心，它利用某种模糊推理算法和模糊规则进行推理，得出最终的控制量。

⑦ 反模糊化。通过模糊推理得到的结果是一个模糊集合，但在实际模糊控制系统中，必须有一个确定值才能控制或驱动执行机构。将模糊推理结果转化为精确值的过程称为反模糊化。常用的反模糊化方法有最大隶属度法、重心法、加权平均法等。

（8）机器人的模糊控制

模糊电子技术是 21 世纪的核心技术之一，模糊家电是模糊电子技术的最重要应用领域。所谓模糊家电，就是根据人的经验，在计算机或芯片的控制下实现可模仿人的思维进行操作的家用电器。几种典型的模糊家电如下。

① 模糊电视机。模糊电视机可根据室内光线的强弱自动调整电视机的亮度，可根据人与电视机的距离自动调整音量，同时能够自动调节电视机的色度、清晰度和对比度。

② 模糊洗衣机。例如，我国生产的小天鹅模糊控制全自动洗衣机，能够自动识别负载量、衣物质地、污垢程度、污垢类型，采用模糊控制技术来选择合理的水位、洗涤时间、水流等，其性能已达到国外同类产品的水平。图 7-30 所示为国产某型号模糊洗衣机的控制结构。

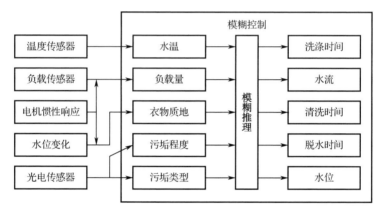

图 7-30　国产某型号模糊洗衣机的控制结构

在工业控制方面，模糊控制也有很多应用，如：工业中的退火炉、电弧炉、水泥窑、热风炉、煤粉炉等的模糊控制；食品加工行业中的甜菜生产过程、酒精发酵温度等的模糊控制；机电行业中的集装箱吊车、空间机器人柔性臂动力学、单片机温度、交流随动系统、快速伺服系统定位、电梯群控系统多目标、直流无刷电机调速等的模糊控制。

图 7-31 所示为某型号锅炉模糊控制结构示意图。

3. 神经网络控制系统

模糊控制系统从人的经验出发，解决了智能控制中人类语言的描述和推理问题，尤其是一些不确定性语言的描述和推理问题，从而在机器模拟人脑的感知、推理等智能行为方面迈出重大的一步。然而，模糊控制在处理数值数据、自学习能力等方面还远没有达到人脑的境界。人工神经网络从另一个角度出发，即从人脑的生理学和心理学着手，通过模拟人脑的工作机理来实现机器的部分智能行为。

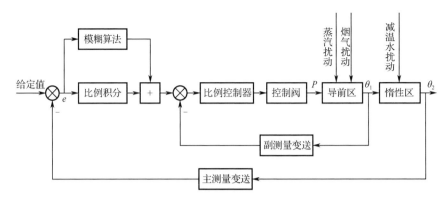

图 7-31 某型号锅炉模糊控制结构示意图

基于人工神经网络的控制（ANN-based Control）简称神经网络控制（Neural Control）。人工神经网络是由大量人工神经元（处理单元）广泛互连而成的网络，它是在现代神经生物学和认识科学对人类信息处理研究的基础上提出来的，具有很强的自适应和学习能力，以及非线性映射能力、鲁棒性和容错能力。神经网络控制系统是人工神经网络与控制理论相结合而发展起来的智能控制系统，已成为智能控制的一个新的分支，它为解决复杂的非线性、不确定系统的控制问题开辟了新的途径。

（1）人工神经网络概述

① 生物神经元。人脑大约包含10^{12}个神经元，大约有1000种类型，每个神经元与$10^2 \sim 10^4$个其他神经元相连接，形成极为错综复杂而又灵活多变的神经网络。虽然每个神经元都十分简单，但是在如此大量的神经元、如此复杂的连接之间可以演化出丰富多彩的行为方式。

单个神经元结构的模型示意图如图 7-32 所示。

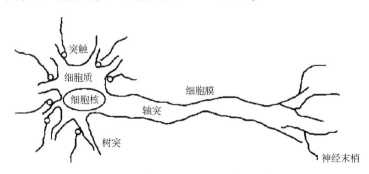

图 7-32 单个神经元结构的模型示意图

② 人工神经元。人工神经元是对生物神经元的一种模拟与简化，是人工神经网络的基本处理单元。图7-33所示为一种简化的人工神经元结构模型。

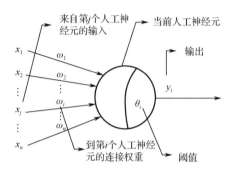

图7-33　一种简化的人工神经元结构模型

图7-33所示的模型是一个多输入、单输出的非线性元件，其输入输出关系为：

$$I_i = \sum_{j=1}^{n} \omega_{ij} x_j - \theta_i \tag{7-73a}$$

$$y_i = f(I_i) \tag{7-73b}$$

式中，x_j ($j=1,2,\cdots,n$) 为从其他人工神经元传过来的输入信号；ω_{ij}表示从人工神经元j到人工神经元i的连接权重；θ_i为阈值；$f(\cdot)$称为激活函数。

常见的人工神经元非线性特性有以下三种。

① 阈值型，其函数表达式为：

$$f(x) = \begin{cases} 1, & x \geq 0 \\ 0, & x < 0 \end{cases} \tag{7-74}$$

② 分段线性型，其函数表达式为：

$$f(x) = \begin{cases} 1, & x \geq \dfrac{1}{k} \\ kx, & -\dfrac{1}{k} \leq x < \dfrac{1}{k} \\ -1, & x < -\dfrac{1}{k} \end{cases} \tag{7-75}$$

③ 函数型，具有代表性的是Sigmoid型和高斯型。其中Sigmoid型的函数表达式为：

$$f(x) = \frac{1}{1+e^{-x}} \tag{7-76}$$

高斯型的函数表达式为：
$$f(x)=a\mathrm{e}^{-(x-b)^2/(2c^2)} \quad (7-77)$$
式中，a、b、c 为实常数，且 $a>0$。

（2）典型人工神经网络模型

人工神经网络结构多种多样，常见的包括 BP 人工神经网络、RBF 人工神经网络、回归人工神经网络、Hopfield 人工神经网络等。下面以使用最为频繁的 BP 人工神经网络为例进行简单介绍。

含一个隐层的 BP 人工神经网络结构如图 7-34 所示。

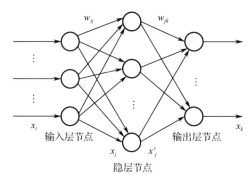

图 7-34　含一个隐层的 BP 人工神经网络结构

BP 人工神经网络的学习过程由正向传播和反向传播组成。在正向传播过程中，输入信息从输入层经隐层逐层处理后传输到输出层，每层人工神经元（节点）的状态只影响下一层人工神经元的状态。如果在输出层不能得到期望的输出，则转至反向传播，将误差信号（理想输出与实际输出之差）按连接通路反向计算，采用梯度下降法调整各层人工神经元的权重，使误差信号减小。

（3）机器人的人工神经网络控制器

在智能控制系统中，人工神经网络控制在系统辨识或建模中有更好的作用。下面通过人工神经网络控制和模糊控制实现 PID 自适应控制来说明人工神经网络控制系统的应用。

① 模糊 PID 控制器。模糊 PID 控制器以误差信号 e 和误差信号变化 e_c 作为输入，采用模糊推理对 K_P、K_I、K_D 进行在线整定，以满足不同时刻的 e 和 e_c 对模糊 PID 控制器参数的不同需求。模糊 PID 控制器结构如图 7-35 所示。

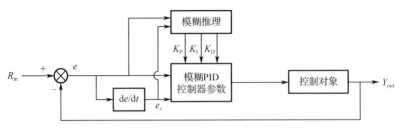

图 7-35 模糊 PID 控制器结构

离散 PID 控制的算法为：

$$U(k) = K_P e(k) + K_I T \sum_{j=0}^{k} e_j + K_D \frac{e(k) - e(k-1)}{T} \tag{7-78}$$

式中，k 为采样序号；T 为采样时间；$e(k)$ 为其输入变量偏差；$e(k)-e(k-1)$ 为偏差变化率；K_P、K_I、K_D 分别为模糊 PID 控制器的比例、积分、微分参数。

模糊 PID 控制器采用两输入三输出的形式。其中，两个输入变量为误差信号 e 和误差信号变化 e_c；三个输出变量为模糊 PID 控制器的三个参数 K_P、K_I、K_D。模糊 PID 控制器根据模糊规则表和输入变量来实时更新参数 K_P、K_I、K_D 的值，以达到自适应控制的目的。但是，模糊规则表需要专业人员根据经验来确定，并不能很好地适应各种工作环境，因而不具有广泛应用性[76]。

② RBF 模糊人工神经网络 PID 自适应控制器。在模糊 PID 控制器的基础上，利用 RBF 模糊人工神经网络，以误差信号 e 和误差信号变化 e_c 作为输入，以参数 K_P、K_I、K_D 作为输出传输到模糊 PID 控制器，通过模糊 PID 控制器的输出去控制被控对象。通过人工神经网络的学习功能，在线调整网络的输出层权重以及高斯型隶属函数的中心值和宽度，从而实现对模糊 PID 控制器参数的自适应控制。基于 RBF 模糊人工神经网络的 PID 控制器结构如图 7-36 所示。

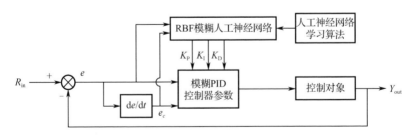

图 7-36 基于 RBF 模糊人工神经网络的 PID 控制器结构

③ RBF 模糊人工神经网络结构。基于 Mamdani 模型的 RBF 模糊人工神经网络结构如图 7-37 所示，它是一个 5 层的前馈人工神经网络，这 5 层分别是输入层、模糊化层、模糊推理层、归一化层和输出层[77]。

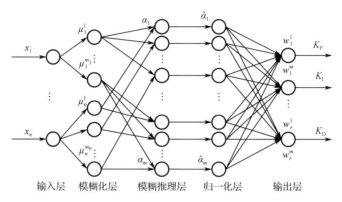

图 7-37　基于 Mamdani 模型的 RBF 模糊人工神经网络结构

运用人工神经网络学习算法，对网络进行迭代训练，最后可得到期望的人工神经网络参数值。再把人工神经网络带入模糊 PID 控制器中，实现 PID 控制器的自适应控制。图 7-38 所示为某机器人控制模型中运用人工神经网络自适应 PID 控制器和普通 PID 控制器的阶跃响应对比图。从图 7-38 可以看到：相比于普通 PID 控制器，人工神经网络自适应 PID 控制器有更短的上升时间和稳定时间；特别是在超调量上，具有普通 PID 控制器无法比拟的优势。

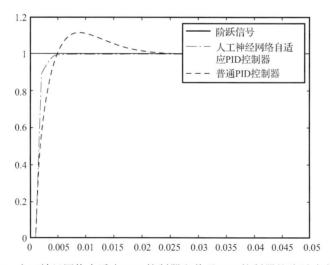

图 7-38　人工神经网络自适应 PID 控制器和普通 PID 控制器的阶跃响应对比图

第8章 多机器人协同

随着社会需求的提高以及机器人目前发展水平的限制,在面对一些大型的复杂场景以及对处理能力和实时性要求较高的任务时,单机器人在准确获取环境信息、鲁棒性以及控制等方面的能力越来越难以胜任,于是研究人员开始考虑通过增加机器人的数量来并行处理任务,从而克服单机器人单线程工作的缺陷。多机器人协同已成为机器人学的一个重要研究课题。

8.1 多机器人系统概述

多机器人系统通常指的是由两个或两个以上的机器人为完成一个或多个任务,通过一定的通信方式、组织结构、协同机制组成的有机的动态的整体[78]。多机器人系统由功能相对简单或者单一的机器人组成,通过与其他成员之间的协同来完成其原来无法单独完成的任务。

多机器人系统的研究以单机器人的研究为基础,与单机器人相比,多机器人系统具有以下一些优越性:

① 经济性。为某项特定的任务专门设计一个集多种功能于一体的机器人是很复杂的,而设计一个由多个功能有限的机器人来完成同样任务的多机器人系统则相对容易,并且能够降低成本。

② 高效性。多机器人系统具备时间、空间、功能的并行性和分布性,系统效率能够得到很大提高,在多变的工作环境或任务极其复杂时,要求机器人具备多种能力,多机器人系统是很好的选择方案[81]。

③ 鲁棒性。多机器人系统具备并行性和冗余性,能够更好地适应环境的变化,从而可以提高系统的柔顺性、灵活性、鲁棒性和容错性[81]。

体系结构是多机器人系统的基础,根据任务的执行需要、任务规模、环境条件约束等因素可以选择不同的体系结构来实现多机器人的任务功能。目前,多机器人系统的体系结构可以分为三类,分别为集中式、分布式和混合式体系结构,如图 8-1 所示。

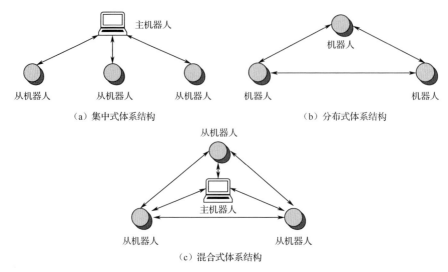

图 8-1 多机器人系统的体系结构

在集中式体系结构中,机器人可以分为主机器人和从机器人两类。主机器人是整个系统的主控单元,负责处理全部环境信息和成员信息,对要完成的任务进行分解、规划和分配,然后对各个从机器人进行调度,并接收从机器人反馈的即时信息,做好协调工作。从机器人接收主机器人发送的任务信息以及调度安排来完成自身控制和执行的初始化,协同其他从机器人完成指定的任务,并随时与主机器人通信来报告所需的状态信息,以及接收实时指令[83]。

集中式体系结构的优点是单机器人相对简单,可以降低成本和系统的复杂性,并且可以减小机器人之间协商通信的开销,方便任务的统一规划,可以获得最优规划,协调、执行的效率高。缺点是系统的容错性、灵活性和实时性比较差,有单点故障风险,并且系统的通信存在瓶颈[83]。

分布式体系结构的特点与集中式体系结构相反,整个系统不存在主机器人,每个机器人的地位都是平等的,可以互相通信,进行空间位置等状态信息的交互,并根据这些局部信息对系统任务进行分解、分配和协同执行,可以自主规划自己的行为[83]。

分布式体系结构的优点是容错性高、稳定性强、实时性和灵活性好,可根据不同的条件扩充或减少系统的机器人。缺点是增加了单机器人的决策功能，单机器人更加复杂，成本较高，通信开销大；很难保证获得全局最优的规划，并且可能会因为每个机器人过分强调自己任务的重要性而过多地占用资源，从而间接导致总任务完成的效率低下。

混合式体系结构可以看成集中式和分布式体系结构的组合，既有主机器人和从机器人之间的通信，也有从机器人之间的通信，每个机器人既可以作为独立个体执行各自任务，也可以作为任务的发起者召集近邻的成员协同完成某项任务并报备主机器人[84]。

混合式体系结构具备上述两种体系结构的优势，既可以获得最优规划，协调的效率高，方便控制，也具有容错性高、实时性强、灵活性好等特点，但它的成本和复杂性比其他两种体系结构都要高，实现起来困难[84]。

多机器人的协同感知、协同作业及协同编队是多机器人系统的三个主要研究内容，本章主要从这三个方面进行介绍。

1. 多机器人协同感知

多机器人协同感知主要研究多机器人协同即时定位与地图构建（Simultaneous Localization And Mapping，SLAM）。在未知复杂的环境下，如果机器人要完成自主导航、编队及任务规划，就需要获取自身位姿和周围环境信息，对自身进行快速定位和对环境进行建图，因此作为多机器人协同感知的关键技术之一，SLAM 是机器人领域的一个重要研究内容[79]。

SLAM 可具体描述为：机器人从未知环境的未知地点出发，在运动过程中通过反复观测环境特征来定位，并根据自身位姿构建增量地图，从而达到即时定位与地图构建的目的。多机器人协同 SLAM（Cooperative SLAM，CSLAM）是指由若干机器人组成的团队同时在环境中运行，通过协同进行即时定位与地图构建，是多机器人系统与 SLAM 的结合。多机器人 CSLAM 可以提高建图的精度、加快建图的速度、扩大机器人在环境中的覆盖范围，对于大规模未知环境的探索具有重要意义[78]。

2. 多机器人协同作业

多机器人协同作业主要研究多机器人任务分配问题。多机器人系统在执行任务时，必然会出现哪个成员负责哪个任务以得到全局最优结果的问题，这就是多机器人的任务分配[78]。多机器人任务分配问题可以看成最优分配问题、整数线性规划问题、调度问题、网络流问题和组合优化问题[82]。多机器人任务分配问题是多机器人系统的研究方向之一，是多机器人系统研究的一个基础性问题，多机器人任务分配得好坏将直接影响整个多机器人系统的性能和效率。

3. 多机器人协同编队

多机器人协同编队就是要求多个机器人在整体运动中保持特定的队形，即多机器人队形控制。所谓队形控制，就是让多个单独的机器人按照某个几何形状进行排列，维持一定的队形，同时在运动的过程中又要适应障碍物等背景干扰因素，也就是多个机器人在空间上组成并保持特定的队形[80]。让多机器人保持一个特定的队形，对信息采集、消息共享、协同作业等都有很大的帮助[84]。

队形控制问题具体来说可分为两个部分，其一是队形形成，其二是队形追踪，也就是编队的形成和保持。前者针对的是怎样让多机器人系统从最初始的散乱状态或者一定的初始队形形成某个特定队形的问题；后者则是研究在队形形成后，整个机器人编队在朝着预先设定的目标运动，如何在运动过程中既满足一定的编队制约，又能够主动适应当前的障碍物环境、地形环境以及其他一些客观物理自然环境[80]。

8.2 多机器人协同感知

本节主要介绍多机器人 CSLAM。SLAM 的过程一般可以分为前端和后端两个阶段。前端主要研究帧间数据之间的关系，对帧间数据的特征点进行提取和匹配等操作，从而得到一个位姿信息[8]。后端则负责对前端提供的结果进行优化处理，主要利用滤波理论［如扩展卡尔曼滤波器（EKF）、扩展信息滤波器（EIF）、粒子滤波器（PF）等］或基于图优化的算法得到最佳的位姿估计[85]。

单机器人 SLAM 的研究已经较为深入，从早期的基于滤波器的 SLAM，如 EKF-SLAM、EIF-SLAM、PF-SLAM 等，到基于图优化的 SLAM，如 RGBD-SLAM、SVO-SLAM、LSD-SLAM、ORB-SLAM、DSO-SLAM 等，再到现在基于深度学习的 SLAM，单机器人 SLAM 已经初步实现了自主导航功能[85]。

相对于单机器人 SLAM，多机器人 CSLAM 的研究还是一个比较新的领域。

目前，多机器人 CSLAM 的主要研究大都是对某种单机器人 SLAM 的扩展。

对于多机器人 CSLAM，由于涉及局部地图到全局地图的变换，不同类型地图到同一类型地图的变换，以及各机器人之间的相互位姿确定等问题，同时基于滤波器的算法在数据处理上具有可加性，容易进行数据融合，因此可以比较方便地将单机器人 SLAM 扩展到多机器人 SLAM，目前应用在实际中的多机器人 CSLAM 算法大多还是采用基于滤波器的 SLAM 算法[85]。

多机器人 CSLAM 算法中比较经典的是 EKF-SLAM 和 GraphSLAM，本节主要介绍一种基于扩展卡尔曼滤波器的多机器人 CSLAM 算法[87]。

1. 模型描述

（1）动态模型

对于机器人的状态估计，可以用一个向量 $\boldsymbol{X}_v = [x_v \quad y_v \quad \phi \quad v]^\mathrm{T}$ 来描述，其中的各个分量分别表示机器人在全局坐标系中的坐标位置以及它的朝向角与速度。

利用 $\boldsymbol{u}_v[k] = [0 \quad 0 \quad T\delta\phi[k] \quad T\delta v[k]]^\mathrm{T}$ 来表示机器人在 k 时刻的运动，其中包括它的朝向角和速度的变化，机器人的动态模型可以用式(8-1)表示，即：

$$\boldsymbol{X}_v[k+1] = f(\boldsymbol{X}_v[k], \boldsymbol{u}_v[k]) + \boldsymbol{\omega}_v[k] \tag{8-1}$$

这个在离散时间上的动态模型描述了机器人的状态从 k 时刻到 $k+1$ 时刻的变化关系，并考虑了机器人的运动模型和动力学模型。f 是一个非线性函数，它以 k 时刻的机器人状态 $\boldsymbol{X}_v[k]$ 和控制 $\boldsymbol{u}_v[k]$ 为输入，f 可以写成：

$$f(\boldsymbol{X}_v[k], \boldsymbol{u}_v[k]) = \begin{bmatrix} x[k] + T\cos(\phi[k])v[k] \\ y[k] + T\sin(\phi[k])v[k] \\ \phi[k] + T\delta\phi[k] \\ v[k] + T\delta v[k] \end{bmatrix} \tag{8-2}$$

尽管这个动态模型是非线性的，但在 k 时刻可以使用雅可比矩阵对它进行线性近似：

$$\boldsymbol{X}_v[k+1] = \boldsymbol{F}_v[k]\boldsymbol{X}_v[k] + \boldsymbol{u}_v[k] + \boldsymbol{\omega}_v \tag{8-3}$$

式中，$\boldsymbol{F}_v[k]$ 是 f 关于 k 时刻机器人状态 $\boldsymbol{X}_v[k]$ 的雅可比矩阵，其定义为：

$$\boldsymbol{F}_v[k] = -\frac{\partial f}{\partial \boldsymbol{X}_v}\Big|_{X_v[k]} = \begin{bmatrix} 1 & 0 & -T\sin(\phi[k])v[k] & T\cos(\phi[k]) \\ 0 & 1 & T\cos(\phi[k]v[k]) & T\sin(\phi[k]) \\ 0 & 0 & 1 & 0 \\ 0 & 0 & 0 & 1 \end{bmatrix} \tag{8-4}$$

系统中的噪声用一个随机向量 $\boldsymbol{\omega}_v$ 来表示,并且假设该噪声是一个静态不相关零均值的高斯白噪声,它的协方差矩阵为:

$$\boldsymbol{E} = \text{Cov}\begin{bmatrix}\boldsymbol{\omega}_v & \boldsymbol{\omega}_v^{\text{T}}\end{bmatrix} = \begin{bmatrix} x_\omega & 0 & 0 & 0 \\ 0 & y_\omega & 0 & 0 \\ 0 & 0 & \phi_\omega & 0 \\ 0 & 0 & 0 & v_\omega \end{bmatrix} \quad (8\text{-}5)$$

(2) 特征模型

环境特征是环境中的固定的、离散的、具有辨识性的标志,对特征的观测是 SLAM 的一个重要需求。构造的环境特征类型与使用的传感器有关:如果使用视觉传感器,则基于颜色来识别环境特征;如果使用超声波传感器和激光传感器等,则使用距离和反射值来识别环境特征。

为了不失一般性,这里采用最简单的静态路标点来作为特征点,一个特征点可以用它在全局坐标系下的坐标位置来定义,第 i 个特征点可以表示为:

$$\boldsymbol{X}_{\text{fi}} = \begin{bmatrix} x_{\text{fi}} \\ y_{\text{fi}} \end{bmatrix} \quad (8\text{-}6)$$

由于假设特征点是静态的,所以第 i 个特征点在 k 时刻和 $k+1$ 时刻的表示是相同的,即:

$$\boldsymbol{X}_{\text{fi}}[k+1|k] = \boldsymbol{X}_{\text{fi}}[k] \quad (8\text{-}7)$$

(3) 观测模型

观测模型用来描述传感器对环境的相对观测,这里以超声波传感器对环境的距离观测为例,观测模型可通过处理超声波传感器的数据来观测特征点在环境中的位置。一个实际的超声波传感器数据返回形式为:

$$\boldsymbol{z}_i[k] = \begin{bmatrix} v_{z_i}[k] \\ \phi_{z_i}[k] \end{bmatrix} \quad (8\text{-}8)$$

超声波传感器的数据包括在 k 时刻状态下机器人对第 i 个特征点的相对距离观测量 $v_{z_i}[k]$ 和相对方位观测量 $\phi_{z_i}[k]$,该数据模型的产生方式为:

$$\boldsymbol{z}_i[k] = h_i(\boldsymbol{X}_v[k], \boldsymbol{X}_{\text{fi}}[k]) + \boldsymbol{w}_i[k] \quad (8\text{-}9)$$

式中,h_i 描述的是从全局坐标系到机器人坐标系之间非线性关系的一个观测模型,$\boldsymbol{w}_i[k]$ 为静态不相关零均值的高斯白噪声,它的协方差矩阵为:

$$\boldsymbol{R}_i = E[\boldsymbol{w}_i[k]\boldsymbol{w}_i^{\mathrm{T}}[k]] = \begin{bmatrix} r_w & 0 \\ 0 & \phi_w \end{bmatrix} \tag{8-10}$$

观测方程 $h_i(\boldsymbol{X}_v[k], \boldsymbol{X}_{fi}[k])$ 可以进一步表示为：

$$h_i(\boldsymbol{X}_v[k], \boldsymbol{X}_{fi}[k]) = \begin{bmatrix} \sqrt{(x_{fi}[k]-x_v[k])^2+(y_{fi}[k]-y_v[k])^2} \\ \arctan\left(\dfrac{y_{fi}[k]-y_v[k]}{x_{fi}[k]-x_v[k]}\right) - \phi_v[k] \end{bmatrix} \tag{8-11}$$

导航性能的提高依赖于对特征点的预测值和实际观测量之间的关系，预测值可以根据机器人的当前位置和特征点通过观测模型来计算，机器人在 k 时刻对第 i 个特征点的预测值为：

$$\hat{\boldsymbol{z}}_i[k] = h_i(\boldsymbol{X}_v[k], \boldsymbol{X}_{fi}[k]) \tag{8-12}$$

2. 多机器人 CSLAM 的步骤

多机器人 CSLAM 采用一种基于扩展卡尔曼滤波器的方法来跟踪多个机器人的位姿和其他的观测量，扩展卡尔曼滤波器主要包括预测和更新两个步骤。

（1）预测

在多机器人 CSLAM 中，所有机器人的状态估计都可以用一个向量来表示，即：

$$\boldsymbol{X}_v[k] = \begin{bmatrix} X_v^A[k] \\ X_v^B[k] \\ \vdots \\ X_v^N[k] \end{bmatrix} \tag{8-13}$$

式中，$\boldsymbol{X}_v^i[k]$ 代表第 i 个机器人在 k 时刻的状态估计。

和单机器人 SLAM 一样，在多机器人 CSLAM 中，环境特征的估计也可以用一个向量来表示，即：

$$\boldsymbol{X}_f[k] = \begin{bmatrix} X_{f1}[k] \\ X_{f2}[k] \\ X_{f3}[k] \\ \vdots \\ X_{fn}[k] \end{bmatrix} \tag{8-14}$$

式中，$X_{fj}[k]$ 表示 k 时刻第 j 个路标点的环境特征估计。将各个机器人状态

与环境特征结合起来,可以得到一个总的估计向量,即:

$$X[k] = \begin{bmatrix} X_v[k] \\ X_f[k] \end{bmatrix} = \begin{bmatrix} X_v^A[k] \\ X_v^B[k] \\ \vdots \\ X_v^N[k] \\ X_{f1}[k] \\ X_{f2}[k] \\ \vdots \\ X_{fn}[k] \end{bmatrix} \quad (8-15)$$

由于假设环境中的特征点是静态的,所以在预测步骤中只需要对机器人的状态进行更新即可,更新的动态模型为:

$$X[k+1|k] = \begin{bmatrix} X_v^A[k+1|k] \\ X_v^B[k+1|k] \\ \vdots \\ X_v^N[k+1|k] \\ X_{f1}[k+1|k] \\ X_{f2}[k+1|k] \\ \vdots \\ X_{fn}[k+1|k] \end{bmatrix}$$

$$= \begin{bmatrix} F_v^A[k] & 0 & \cdots & 0 & 0 & 0 & \cdots & 0 \\ 0 & F_v^B[k] & \cdots & 0 & 0 & 0 & \cdots & 0 \\ \vdots & \vdots & \ddots & 0 & 0 & 0 & \cdots & 0 \\ 0 & 0 & 0 & F_v^N[k] & 0 & 0 & \cdots & 0 \\ 0 & 0 & 0 & 0 & I & 0 & \cdots & 0 \\ 0 & 0 & 0 & 0 & 0 & I & \cdots & 0 \\ \vdots & \vdots & \vdots & \vdots & \vdots & \vdots & \ddots & 0 \\ 0 & 0 & 0 & 0 & 0 & 0 & 0 & I \end{bmatrix} \begin{bmatrix} X_v^A[k] \\ X_v^B[k] \\ \vdots \\ X_v^N[k] \\ X_{f1}[k] \\ X_{f2}[k] \\ \vdots \\ X_{fn}[k] \end{bmatrix} + \begin{bmatrix} u_v^A \\ u_v^B \\ \vdots \\ u_v^N \\ 0 \\ 0 \\ \vdots \\ 0 \end{bmatrix} + \begin{bmatrix} \omega_v^A \\ \omega_v^B \\ \vdots \\ \omega_v^N \\ 0 \\ 0 \\ \vdots \\ 0 \end{bmatrix}$$

$$(8-16)$$

系统噪声的协方差矩阵模型 Q 是个对角矩阵,并且只给机器人的状态添加噪声，如式（8-17）所示。

$$Q = \begin{bmatrix} Q^A & 0 & \cdots & 0 & 0 & 0 & \cdots & 0 \\ 0 & Q^B & \cdots & 0 & 0 & 0 & \cdots & 0 \\ \vdots & \vdots & \ddots & 0 & 0 & 0 & \cdots & 0 \\ 0 & 0 & 0 & Q^N & 0 & 0 & \cdots & 0 \\ 0 & 0 & 0 & 0 & 0 & 0 & \cdots & 0 \\ 0 & 0 & 0 & 0 & 0 & 0 & \cdots & 0 \\ \vdots & \vdots & \vdots & \vdots & \vdots & \vdots & \ddots & 0 \\ 0 & 0 & 0 & 0 & 0 & 0 & 0 & 0 \end{bmatrix} \quad (8\text{-}17)$$

预测方程的协方差矩阵为：

$$\boldsymbol{P}[k+1|k] = \boldsymbol{F}[k]\boldsymbol{P}[k|k]\boldsymbol{F}^{\mathrm{T}}[k] + \boldsymbol{Q} \quad (8\text{-}18)$$

该协方差矩阵包含所有的误差信息和 $\boldsymbol{X}[k+1|k]$ 的相关性，P^{ij} 表示第 i 个和第 j 个元素的相关性，这些元素可以是机器人和特征点。该协方差矩阵的一般形式为：

$$\boldsymbol{P} = \begin{bmatrix} P^{AA} & P^{AB} & \cdots & P^{AN} & P^{A1} & P^{A2} & \cdots & P^{An} \\ P^{BA} & P^{BB} & \cdots & P^{BN} & P^{B1} & P^{B2} & \cdots & P^{Bn} \\ \vdots & \vdots & \ddots & \vdots & \vdots & \vdots & \cdots & \vdots \\ P^{NA} & P^{NB} & \cdots & P^{NN} & P^{N1} & P^{N2} & \cdots & P^{Nn} \\ P^{1A} & P^{1B} & \cdots & P^{1N} & P^{11} & P^{12} & \cdots & P^{1n} \\ P^{2A} & P^{2B} & \cdots & P^{2N} & P^{21} & P^{22} & \cdots & P^{2n} \\ \vdots & \vdots & \cdots & \vdots & \vdots & \vdots & \ddots & \vdots \\ P^{nA} & P^{nB} & \cdots & P^{nN} & P^{n1} & P^{n2} & \cdots & P^{nn} \end{bmatrix} \quad (8\text{-}19)$$

在未进行任何观测前，状态估计中没有特征点，机器人之间也没有相对关系，因此，$\boldsymbol{P}$ 的初始值为一个对角矩阵。

（2）更新

每个机器人都会产生一组对特征点的距离观测量，以及对在其观测范围内的协作机器人的观测量。由于物体的遮挡和传感器的观测范围有限，观测量集合通常是状态估计中当前包含的所有特征点和机器人的子集。假设对所有协作的机器人和特征点进行了观测，那么由机器人 A 在 $k+1$ 时刻生成的完整观测量集合的形式为：

$$z^A[k+1] = \begin{bmatrix} z_B^A[k+1] \\ z_C^A[k+1] \\ \vdots \\ z_N^A[k+1] \\ z_1^A[k+1] \\ z_2^A[k+1] \\ \vdots \\ z_n^A[k+1] \end{bmatrix} \tag{8-20}$$

式中，$z_n^A[k+1]$ 对应于机器人 A 观测第 i 个元素（机器人或特征点）的传感器观测量。

对应的机器人 A 的预测值集合为：

$$\hat{z}^A[k+1|k] = \begin{bmatrix} \hat{z}_B^A[k+1|k] \\ \hat{z}_C^A[k+1|k] \\ \vdots \\ \hat{z}_N^A[k+1|k] \\ \hat{z}_1^A[k+1|k] \\ \hat{z}_2^A[k+1|k] \\ \vdots \\ \hat{z}_n^A[k+1|k] \end{bmatrix} = \begin{bmatrix} h(X_v^A[k+1|k], X_v^B[k+1|k]) \\ h(X_v^A[k+1|k], X_v^C[k+1|k]) \\ \vdots \\ h(X_v^A[k+1|k], X_v^N[k+1|k]) \\ h(X_v^A[k+1|k], X_{f1}[k+1|k]) \\ h(X_v^A[k+1|k], X_{f2}[k+1|k]) \\ h(X_v^A[k+1|k], X_{f3}[k+1|k]) \\ \vdots \\ h(X_v^A[k+1|k], X_{fn}[k+1|k]) \end{bmatrix} \tag{8-21}$$

所有协作机器人所进行的传感器观测量被合并到一个向量中，如式（8-22）所示。

$$z[k+1] = \begin{bmatrix} z^A[k+1] \\ z^B[k+1] \\ \vdots \\ z^N[k+1] \end{bmatrix} \tag{8-22}$$

式中，$z[k+1]$ 是机器人 i 的所有观测量集合。下面以具有 2 个机器人、3 个特征点的多机器人系统为例进行说明，它的观测量集合为：

$$z[k+1] = \begin{bmatrix} z_B^A[k+1] \\ z_1^A[k+1] \\ z_2^A[k+1] \\ z_3^A[k+1] \\ z_A^B[k+1] \\ z_1^B[k+1] \\ z_2^B[k+1] \\ z_3^B[k+1] \end{bmatrix} \quad (8-23)$$

观测量的雅可比矩阵为：

$$H[k+1|k]$$

$$= \begin{bmatrix} -H_v^A[k+1|k] & H_v^B[k+1|k] & 0 & 0 & 0 \\ -H_v^A[k+1|k] & 0 & H_{f1}^A[k+1|k] & 0 & 0 \\ -H_v^A[k+1|k] & 0 & 0 & H_{f2}^A[k+1|k] & 0 \\ -H_v^A[k+1|k] & 0 & 0 & 0 & H_{f3}^A[k+1|k] \\ H_v^A[k+1|k] & -H_v^B[k+1|k] & 0 & 0 & 0 \\ 0 & -H_v^B[k+1|k] & H_{f1}^B[k+1|k] & 0 & 0 \\ 0 & -H_v^B[k+1|k] & 0 & H_{f2}^B[k+1|k] & 0 \\ 0 & -H_v^B[k+1|k] & 0 & 0 & H_{f3}^B[k+1|k] \end{bmatrix}$$

$$(8-24)$$

接下来是残差与卡尔曼增益的计算。首先计算残差，即预测值与观测量的差异：

$$r[k+1] = z[k+1] - \hat{z}[k+1|k] \quad (8-25)$$

然后计算残差的协方差矩阵，如式（8-26）所示。

$$S[k+1] = H[k+1|k]P[k+1|k]H[k+1|k]^T + R[k+1] \quad (8-26)$$

式中，$R[k+1]$ 是观测误差的协方差矩阵，$H[k+1|k]$ 是观测量的雅可比矩阵。

接着用残差的协方差矩阵来计算卡尔曼增益，更新机器人位姿的协方差估计，卡尔曼增益为：

$$K[k+1] = P[k+1|k]H[k+1]^T S^{-1}[k+1] \quad (8-27)$$

机器人位姿估计的更新是通过加入卡尔曼校正来实现的，即：

$$X_v[k+1|k+1] = X[k+1|k] + K[k+1]v[k+1] \tag{8-28}$$

更新状态的协方差矩阵为：

$$P[k+1|k+1]$$
$$= (I-K[k+1]H[k+1]P[k+1|k])(I-K[k+1]H[k+1])^T +$$
$$K[k+1]R[k+1]K[k+1]^T \tag{8-29}$$

8.3 多机器人协同作业

多机器人协同作业主要指多机器人的任务分配。目前，多机器人的任务分配方法主要可以分为基于行为的任务分配方法和基于规划的任务分配方法。

群智能方法是经典的基于行为的任务分配方法，具有较好的实时性和鲁棒性，但是在大多数情况下只能得到局部最优解。比较典型的群智能方法有阈值法、蚁群算法、情感招募方法等。蚁群算法的灵感来自蚂蚁在寻找食物过程中发现路径的行为，通过释放信息素来实现信息的传递。阈值法与情感招募方法有一些相似之处，都是在机器人内部设置一个阈值，当耻辱值达到阈值时，机器人会被迫执行任务[78]。

基于规划的任务分配方法容易按人们的目标执行，在具体任务执行性能上更加高效，不过计算复杂度高，主要有集中规划方法、市场拍卖方法等，采用线性规划的任务分配方法就属于集中规划方法。理论上来说：集中规划方法可以求得最优解，但是计算复杂度高、扩展困难；市场拍卖方法是一种基于协商主义的任务分配方法，适合在任务和机器人状态可知的中小规模异构多机器人系统中进行分布式问题的协作求解，能够实现全局最优的任务分配，缺点是机器人必须通过显式的通信进行有意图的协作，会消耗较多的资源[78]。

接下来主要介绍一种基于规划的任务分配方法（市场拍卖方法）与一种基于行为的任务分配方法（情感招募方法）[88,89]。

8.3.1 市场拍卖方法

1. 问题描述

在多机器人系统中，任务分配可以看成不同机器人在不同时间点选择合适的行动，以便使整个团队完成全局任务。行动的选择是一个从机器人的状态空间到机器人的行动空间的映射，对同构机器人来说，该映射可以表示为：

$$S^{|R|} \to A^{|R|} \quad (8\text{-}30)$$

式中，S 为机器人的状态空间，$|R|$ 是机器人的数量，A 是机器人的行动空间。

市场拍卖方法将任务分配分解为以下三个步骤：

① 每个机器人根据它执行任务的感知适应度对任务进行投标。

② 通过市场拍卖机制决定每个机器人得到的任务。

③ 对于每一个任务，竞标获胜的机器人执行该任务。

通过竞标函数以及机器人的状态来确定该机器人执行每个任务的能力，然后根据任务分配机制和竞标结果决定该机器人执行的任务，最后每个机器人根据当前分配的任务来执行相应的作业。这样可以将映射关系变为：

$$B^{|R||T|} \to T^{|R|} \quad (8\text{-}31)$$

即从任务竞标到任务分配的映射，整体任务分配关系如图 8-2 所示。

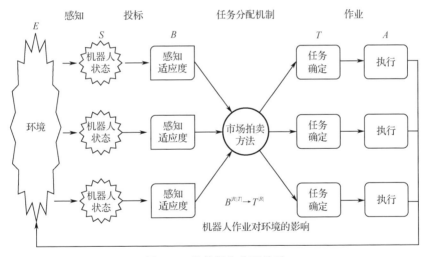

图 8-2　整体任务分配关系

2. 算法描述

动态任务分配的问题，即从任务竞标到任务映射，有多种方法可以采用。这里介绍马尔可夫链系统，即基于机器人当前任务及机器人对每个任务的竞标，来确定每个机器人的新任务，如图 8-3 所示，图中阴影部分是机器人对当前任务给出的竞标。

当前任务		竞标	任务A	任务B	任务C	任务D		新任务
A		机器人1	5	4	2	6		?
无	×	机器人2	3	2	1	5	→	?
C		机器人3	2	3	4	6		?

图 8-3 任务分配示意

这样，动态任务分配的问题就变为，给定每个机器人的当前任务以及每个机器人对每个任务的竞标，那么每个机器人的新任务应该是什么。

本节关注两个关键方面，即承诺（Commitment）和协调（Coordination）的影响，并且只考虑每个方面的极端情况：无承诺、完全承诺和无协调、完全协调。完全承诺表示机器人在考虑任何新任务前都会完成当前任务；而无承诺允许机器人在任何时候为了新任务而放弃当前任务。完全协调使用简单的互斥，即一个任务只能有一个机器人，不允许冗余；无协调表示每个机器人根据它的局部环境信息来执行任务。这些情况的组合将会导致四种不同任务分配策略。

如果任务是结构化的，那么一个机器人就足以完成一个单独的任务分配，因此，互斥是最简单但很有效的协调形式。以完全承诺、完全协调的策略为例，其算法步骤如下：

步骤1：根据每个机器人对每个任务的竞标得到如图8-3阴影部分所示的任务竞标表。如果一个机器人当前正在执行一个任务，并且它对该任务的竞标大于0，则从任务竞标表中将该竞标所在的列移除，将机器人的新任务分配为它的当前任务。

步骤2：从剩下的任务竞标表中寻找最大的竞标，将对应的任务分配给对应的机器人，将该机器人和该任务对应的行和列从任务竞标表中移除。

步骤3：重复步骤2直到任务竞标表中没有竞标为止。

采用无协调策略时，分别在每个机器人上执行上述算法；采用无承诺策略时，算法的步骤1不会被执行。

8.3.2 情感招募方法

在情感招募方法中，请求帮助会产生情感反应，即机器人会因为拒绝帮助而感到耻辱，当它的耻辱值变得足够大时，就会被强迫同意进行帮助。

下面首先介绍在情感招募方法中使用的通信协议，然后介绍情感招募方法。

1. 通信协议描述

在情感招募方法中，通信协议从一个机器人（请求机器人）以 HELP 消息的形式广播请求其他机器人的帮助开始，到另一个机器人（应答机器人）接受请求并开始代替请求机器人执行任务时结束。通信协议独立于任务分配方法，使用由 6 条消息组成的通信协议，如图 8-4 所示，分别为帮助（HELP）、接受（ACCEPT）、响应（RESPONDER）、到达（ARRIVAL）、同意（AGREE）和确认（ACK-ACK）。每个消息都包含发送方的 ID 号、应答机器人的 ID（如果有的话）和消息类型。

情感招募方法的通信协议开始于请求机器人广播一个包含其位置的 HELP 消息，如果另外一个机器人决定提供帮助，那么它将响应一个 ACCEPT 消息，ACCEPT 消息中包含根据 HELP 消息中的请求机器人位置和自身的运动速度估计出的到达请求者机器人位置所需要的时间。

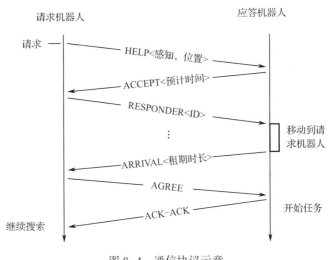

图 8-4 通信协议示意

当请求机器人接收到至少一条 ACCEPT 消息时，它将向所有机器人广播 RESPONDER 消息，该消息包含请求机器人选择的应答机器人的 ID。对于应答机器人来说，该消息确认其提供的帮助已被接受，将开始提供帮助；对于所有其他机器人来说，该消息是不需要它们帮助的一个显式通知。

当应答机器人移动到请求机器人附近时，应答机器人向请求机器人发送 ARRIVAL 消息，该消息包含能提供帮助的时间（租期时长）。对于分布式系统来说，租期时长是一个有用的工具，因为它可以在发生部分故障（如一个机器人停止响应）的情况下防止死锁。通过提供租期时长，应答机器人表示它愿意在租期时长内停留并执行任务，如果有必要，可以延长租期时长，使应答机器人在任务上保持尽可能长的时间。当租期时长最终到期时，要么因为任务已经完成，要么因为请求机器人不再响应，这时应答机器人就完成了所有要求它做的事情，并且可以自由地恢复自己原来的任务。

如果请求机器人同意租期时长，那么它将返回 AGREE 消息。最后，应答机器人将发送 ACK-ACK 消息并开始新的任务。ARRIVAL、AGREE、ACK-ACK 这三条消息可以根据需要重复发送，以延长机器人的租期时长。

情感招募方法的通信协议具有很好的鲁棒性，因为对每个期望机器人的传输将产生特定的响应。例如，HELP 消息生成 ACCEPT 响应。如果一个机器人发送了一条消息，但没有收到预期的回复，原因可能是没有机器人在通信范围内、没有机器人选择回复或存在某种通信故障。如果预期的消息在短时间内没有到达，机器人可以简单地重试。例如，请求机器人在 5 s 内没有收到预期的 ACCEPT 消息，或者在 15 s 内没有收到任何其他消息，那么它将超时并重新开始通信协议，这样请求机器人就可以在不重启的情况下从当前状态中恢复。

2. 情感招募方法的描述

情感招募方法使用情感模型来确定机器人在什么情况下会对 HELP 消息做出响应，该模型使用了一种单一的基于标准的情绪耻辱（Shame）来调节对 HELP 消息的响应，并决定机器人何时允许自己被招募。

情感招募方法的表示如表 8-1 所示。

表 8-1 情感招募方法的表示

符号	描述
r_i	机器人队伍中的第 i 个机器人
s_i	第 i 个机器人的耻辱值
t	耻辱值的阈值

续表

符　号	描　述
η_i	第 i 个机器人运动到请求机器人位置的估计时间
$d(\ )$	适应度函数
ΔT	自从上次接收到 HELP 消息所经过的时间
$k(\Delta T)$	耻辱值的衰减率
τ	请求机器人在未收到 ACCEPT 消息响应时重复发送 HELP 消息的最大时间间隔

给定一个包含 n 个机器人队伍 $\{r_1,\cdots,r_n\}$，队伍中的每一个机器人 r_i 维持着一个耻辱值 s_i，s_i 在 0~1 之间且初始值为 0。如果一个机器人拒绝帮助请求机器人（即忽视 HELP 信息），那么它的耻辱值将增加。当它的耻辱值超过阈值时，将强制这个机器人对 HELP 消息做出响应，一旦机器人决定做出响应并且被选为应答机器人，它的耻辱值将被重置为 0。

与耻辱值相关的参数有它的阈值、增长率、衰减率。每一个机器人 r_i 都有一个小于或等于 1 的阈值 t。耻辱值的增长率由 c 和 $d(\ )$ 决定，c 是一个常数，每次机器人 r_i 忽略了一个 HELP 信息，s_i 就加 c；$d(\ )$ 是一个适应度函数，根据机器人 r_i 与该任务的感知适应度来增加 s_i。在这里，$d(\ )$ 是一个关于 r_i 到达请求机器人位置所需要的估计时间 η_i 的函数。还可以使用更复杂的机器人招募适应度标准，包括机器人和任务的额外属性，如更新率、传感器分辨率、功耗等。耻辱值的衰减率 $k(\ )$ 是一个关于从上次接收到 HELP 信息所经过的时间 ΔT 的函数，在这里假设耻辱值为线性衰减，可以使用任意的函数。

当 HELP 消息到达时，开始计算机器人 r_i 的耻辱值衰减，更新 s_i，$s_i = s_i - k(\Delta T)$。如果 $s_i > t$，则机器人 r_i 向请求机器人发送一个包含其 η_i 的 ACCEPT 消息；否则，$s_i \leq t$，若 r_i 忽略请求，则更新 s_i，$s_i = s_i + c + d(\eta_i)$。

请求机器人在没有收到 ACCEPT 消息响应时会每 τ 秒发送一次 HELP 消息，当一个请求机器人广播 HELP 消息后收到多个 ACCEPT 消息时，它将检查 ACCEPT 信息，并选择对这个任务有最好感知适应度的那个机器人作为应答机器人。

8.4　多机器人协同编队

多机器人协同编队的常用方法有基于领航者-跟随者的方法、基于虚拟结构的方法、基于行为学的方法和基于人工势场的方法等。

基于领航者-跟随者的方法的基本思想是在整个机器人队伍中，选取一定数量的机器人作为领航者，其他的机器人作为跟随者，领航者决定着整个机器人队伍的行进路线，跟随者则按照既定的规则，以一定的位姿来跟随领航者。该方法的优点是只需要给领航者一定的编队信息便可完成对整个机器人队伍的整体编队，跟随者不需要知道具体的编队信息；其缺点是整个机器人队伍中并没有明确、及时的编队情况的特征反馈，在具体的编队过程中，这意味着如果领航者的运动速度过快，则跟随者可能无法及时地完成追踪动作[80]。

基于虚拟结构的方法的基本思想是将机器人队伍看成一个刚体的虚拟结构，每个机器人都是虚拟结构上相对固定的一点。在运动时，每个机器人的相对位姿保持不变。该方法首先使用虚拟结构尽量匹配每个机器人的位姿，然后根据生成的轨迹微调虚拟结构的位姿和方向，最后确定每个机器人的轨迹，并调整运动速度来跟踪虚拟结构上的目标点。基于虚拟结构的方法的优点是能够比较容易地指定机器人队伍的运动，并可以进行队形反馈，能够取得较好的跟踪效果；每个机器人之间没有明确的功能划分，不涉及复杂的通信过程。该方法的缺点是要求机器人队伍的队形保持刚体运动的特点，限制了其应用范围，适用于大型物体的多机器人搬运的场合。

基于行为学的方法的基本思想是分别定义机器人的一些期望的基本动作，包括向既定终点运动、形成并保持队形、躲避障碍物以及躲避近邻的机器人等[80]。机器人能够利用自身所具备的各种传感器来观测周围环境及自身的一些信息，这就可以使得机器人在与环境信息的交互中适应环境，及时、准确地调整自身的运动速度与方向或者改变相关传感器的状态[80]。基于行为学的方法的本质在于通过一定的选择策略，综合之前各种行为的输出，及时将综合之后的结果进行反馈，作为当前行为的输出。选择策略主要基于模糊逻辑法、加权平均法和行为抑制法等[80]。

基于人工势场的方法的基本思想是在机器人队伍中的成员相互之间既存在着吸引力，也存在着排斥力，吸引力是将机器人拉到队伍中，排斥力是将机器人排斥出去。吸引力与排斥力综合作用于队伍中的机器人，合力可使得机器人编队得以接近甚至达到理想的编队[80]。该方法使得机器人与环境之间形成了交互作用，近似于控制理论中的闭环控制，增强了机器人的自适应能力、避障能力以及实时控制性。该方法也存在一些缺陷，例如，由于在计算过程中可能存在一些局部极值点，而这些局部极值点并非一定是起点或者终点，这种情况下机器人很可能陷入局部最优陷阱。如何寻找合适的人工势场函数，是该方法的难点[80]。

下面主要介绍基于领航者-跟随者的方法和基于虚拟结构的方法。

8.4.1 基于领航者-跟随者的方法

基于领航者-跟随者的方法有很多实现方式[90]，常用的有最近邻跟踪和多近邻跟踪。

1. 最近邻跟踪

在基于领航者-跟随者的方法中，如果第1个机器人被指定为整个机器人队伍的领航者，则用第1个机器人的运动作为整个机器人队伍的运动参考，表示为 $\boldsymbol{R}_1 = \{\boldsymbol{r}_1(t), t \in \bar{I}_T\}$，这里，$\bar{I}_T = [0, T]$ 是一个指定的时间间隔；$\boldsymbol{r}_1(t)$ 表示第1个机器人在 t 时刻的质心位置。第2个机器人，即跟随者的期望质心位置可以表示为：

$$\boldsymbol{d}_2(t) = \boldsymbol{r}_1(t) + \boldsymbol{q}_2(t) \tag{8-32}$$

式中，$\boldsymbol{q}_2(t)$ 是一个非零的偏差向量并且在 $\bar{I}_T$ 上二阶连续可导。为了避免两个机器人发生碰撞，加入约束条件：对于所有的 $t \in \bar{I}_T$，都有 $\|\boldsymbol{q}_2(t)\| > \rho_1 + \rho_2$，$\rho_i$ 表示第 i 个机器人自身的半径大小。第2个机器人尝试跟踪领航者的运动，可以得到的跟踪误差为：

$$\boldsymbol{E}_2(t) \overset{\text{def}}{=\!=} \boldsymbol{d}_2(t) - \boldsymbol{r}_2(t) \tag{8-33}$$

第 i 个机器人的期望质心位置可以表示为：

$$\boldsymbol{d}_i(t) = \boldsymbol{r}_{i-1}(t) + \boldsymbol{q}_i(t) \tag{8-34}$$

也可以表示为：

$$\boldsymbol{d}_i(t) = \boldsymbol{d}_{i-1}(t) + \boldsymbol{q}_i(t) = \boldsymbol{r}_1(t) + \sum_{k=2}^{i} \boldsymbol{q}_k(t) \tag{8-35}$$

式中，$\boldsymbol{q}_i(t)$ 是和 $\boldsymbol{q}_2(t)$ 有着相同特性的偏差向量，第 i 个机器人尝试以这种方式运行，它的跟踪误差为：

$$\boldsymbol{E}_i(t) \overset{\text{def}}{=\!=} \boldsymbol{d}_i(t) - \boldsymbol{r}_i(t) \tag{8-36}$$

显然，对于任何确定的时间 t，期望的质心位置集合 $P(t) = \{r_1(t), r_1(t) + q_2(t), r_1(t) + q_2(t) + q_3(t), \cdots, r_1(t) + \sum_{k=2}^{i} q_k(t)\}$ 定义了一个 t 时刻的编队模式。在最简单的情况下，可以假设 $q_i(t)(i=2,\cdots,N)$ 都是非零的常向量。

在 $d_i(t)$ 如式（8-34）所定义的情况下，第 i 个机器人的运动以第 $i-1$ 个机器人的运动为参考。因此，如果任何一个机器人的期望运动没有达到收敛，整个机器人队伍将不会得到所期望的编队模式。但是，这种方法有一个优点是，第 i 个机器人和第 $i-1$ 个机器人发生碰撞的概率很小，因为第 i 个机器人在任何时刻都和第 $i-1$ 个机器人保持一个偏差关系。如果每一个机器人都不关注与它相邻的机器人位置，就有可能发生碰撞。

更为一般的情况是，t 时刻的偏差向量 $q_i(t)$ 可以取决于第 i 个或第 $i-1$ 个机器人的状态。例如，假设 $q_i(t) = -\dfrac{\delta_i \dot{r}_{i-1}(t)}{\|\dot{r}_{i-1}(t)\|}$，其中，$\delta_i$ 是给定的正常数，$\dot{r}_{i-1}(t)$ 是 $r_{i-1}(t)$ 关于的 t 微分，第 i 个机器人尝试直接在第 $i-1$ 个机器人后面 δ_i 的距离处移动。但在有多个机器人跟随在领航者后面的情况下，就会形成有很多分支的队形。

考虑式（8-36）所示的跟踪误差的微分方程，如式（8-37）所示，即：

$$M_i \ddot{E}_i(t) + v_i \dot{E}_i(t) = M_i g_i(t) - F_c^i(t) \tag{8-37}$$

式中，M_i 是第 i 个机器人的总质量；v_i 是一个非负的摩擦系数；$F_c^i(t)$ 是控制力，是一个关于时间 t 的连续函数。当 $d_i(t)$ 由式（8-34）定义时，$g_i(t)$ 的定义为：

$$g_i(t) = \left(\frac{v_i}{M_i} - \frac{v_{i-1}}{M_{i-1}}\right) \dot{r}_{i-1}(t) + \frac{1}{M_i}[\ddot{q}_i(t) + v_i \dot{q}_i(t)] + \frac{F_c^{i-1}(t)}{M_{i-1}} \tag{8-38}$$

当 $d_i(t)$ 由式（8-35）定义时，$g_i(t)$ 的定义为：

$$g_i(t) = \ddot{d}_i(t) + \frac{v_i}{M_i} \dot{d}_i(t) \tag{8-39}$$

假设跟随者的可视半径 ρ_{vi} 和角度 ϕ_i 足够大，第 i 个机器人在任何时刻都能看到第 $i-1$ 个机器人，可以得到一个第 i 个机器人在控制域 Ω_i（三维坐标系）上的简单导航策略，即：

$$F_c^i(t) = M_i g_i(t) + K_{i1} E_i(t) + K_{i2} \dot{E}_i(t) \tag{8-40}$$

式中，K_{i1} 和 K_{i2} 是正反馈增益。在这种情况下，跟踪误差 $E_i(t)(2 \leq i \leq N)$ 的微

分方程可简化为：

$$M_i\ddot{\boldsymbol{E}}_i(t)+(v_i+K_{i2})\dot{\boldsymbol{E}}_i(t)+K_{i1}\boldsymbol{E}_i(t)=0 \quad (8\text{-}41)$$

显然，假设没有碰撞，当 $t\to\infty$ 时，$\boldsymbol{E}_i(t)\to 0$。当 $\boldsymbol{d}_i(t)$ 由式（8-34）定义时，$\boldsymbol{E}_i(t)=\boldsymbol{r}_{i-1}(t)-\boldsymbol{r}_i(t)+\boldsymbol{q}_i(t)$，在这种情况下，式（8-40）的实现需要知道第 i 个和第 $i-1$ 个机器人之间的相对位置和速度，以及第 $i-1$ 个机器人的导航策略。如果机器人之间可以通信，可以将这些信息从第 $i-1$ 个机器人传送到第 i 个机器人，否则需要用其他手段获取这些信息。

当控制域 Ω_i 由式（8-42）给出时，

$$\Omega_i=\{\boldsymbol{F}_c^i\in\mathbb{R}^3:|f_{cj}^i|\leq\bar{F}_c^i,j=x,y,z\} \quad (8\text{-}42)$$

式中，$\bar{F}_c^i$ 是一个正常数，f_{cj}^i 是 F_c^i 在 x、y、z 方向上的分量，则式（8-40）可以修改为：

$$\boldsymbol{F}_c^i(t)=\bar{F}_c^i\operatorname{Sat}\left[\frac{M_i\boldsymbol{g}_i(t)+K_{i1}\boldsymbol{E}_i(t)+K_{i2}\dot{\boldsymbol{E}}_i(t)}{\bar{F}_c^i}\right],\quad 2\leq i\leq N \quad (8\text{-}43)$$

式中，

$$\operatorname{Sat}(\boldsymbol{w})\stackrel{\text{def}}{=}[\operatorname{Sat}(w_1),\operatorname{Sat}(w_2),\operatorname{Sat}(w_3)]^{\mathrm{T}},\quad \boldsymbol{w}=[w_1,w_2,w_3]^{\mathrm{T}} \quad (8\text{-}44)$$

式中，Sat( ) 是饱和函数，其定义为：

$$\operatorname{Sat}(\boldsymbol{w})=\begin{cases}1, & \boldsymbol{w}>1\\ \boldsymbol{w}, & |\boldsymbol{w}|\leq 1\\ -1, & \boldsymbol{w}<-1\end{cases} \quad (8\text{-}45)$$

在这种情况下，$\boldsymbol{E}_i$ 的微分方程为：

$$M_i\ddot{\boldsymbol{E}}_i(t)+v_i\dot{\boldsymbol{E}}_i(t)$$

$$=M_i\boldsymbol{g}_i(t)-\bar{F}_c^i\operatorname{Sat}\left[\frac{M_i\boldsymbol{g}_i(t)+K_{i1}\boldsymbol{E}_i(t)+K_{i2}\dot{\boldsymbol{E}}_i(t)}{\bar{F}_c^i}\right],\quad 2\leq i\leq N \quad (8\text{-}46)$$

2. 多近邻跟踪

考虑一个由 $N(N\geq 3)$ 个机器人组成的队伍，假设指定第 1 个和第 N 个机器人作为领航者，它们的运动 $\boldsymbol{R}_1=\{\boldsymbol{r}_1(t),t\in\bar{I}_T\}$ 和 $\boldsymbol{R}_N=\{\boldsymbol{r}_N(t),t\in\bar{I}_T\}$ 作为整个队伍其他机器人的运动参考。第 $i(i\neq 1,N)$ 个跟随者的期望质心位置可以由它最近的两个机器人中间位置决定，即：

$$\boldsymbol{d}_i(t)=[\boldsymbol{r}_{i+1}(t)+\boldsymbol{r}_{i-1}(t)]/2 \quad (8\text{-}47)$$

由式（8-36）定义的第 $i(i\neq 1, N)$ 个跟随者机器人的跟踪误差 $\boldsymbol{E}_i(t)$ 可以由下面的微分方程来描述，即：

$$M_i\ddot{\boldsymbol{E}}_i(t) + v_i\dot{\boldsymbol{E}}_i(t) = M_i\hat{\boldsymbol{g}}_i(t) - \boldsymbol{F}_c^i(t), \quad 2 \leq i \leq N-1 \tag{8-48}$$

式中，

$$\hat{\boldsymbol{g}}_i(t) = \frac{1}{2}\left\{\ddot{\boldsymbol{r}}_{i+1}(t) + \ddot{\boldsymbol{r}}_{i-1}(t) + \frac{v_i}{M_i}[\dot{\boldsymbol{r}}_{i+1}(t) + \dot{\boldsymbol{r}}_{i-1}(t)]\right\} \tag{8-49}$$

也可以写为：

$$\hat{\boldsymbol{g}}_i(t) = -\frac{1}{2}\left[\left(\frac{v_{i+1}}{M_{i+1}} - \frac{v_i}{M_i}\right)\dot{\boldsymbol{r}}_{i+1}(t) + \left(\frac{v_{i-1}}{M_{i-1}} - \frac{v_i}{M_i}\right)\dot{\boldsymbol{r}}_{i-1}(t) - \frac{\boldsymbol{F}_c^{i+1}(t)}{M_{i+1}} - \frac{\boldsymbol{F}_c^{i-1}(t)}{M_{i-1}}\right] \tag{8-50}$$

式中，

$$M_i\ddot{\boldsymbol{r}}_i(t) + v_i\dot{\boldsymbol{r}}_i(t) = \boldsymbol{F}_c^i(t) \tag{8-51}$$

考虑由式（8-43）给出的导航策略，用 $\hat{\boldsymbol{g}}_i(t)$ 代替 $\boldsymbol{g}_i(t)$，如果 $\hat{\boldsymbol{g}}_i(t)$ 由式（8-49）定义，该策略的实现则需要知道相邻机器人的加速度；如果 $\hat{\boldsymbol{g}}_i(t)$ 由式（8-50）定义，则需要知道相邻机器人的速度和控制力。由于 $\boldsymbol{F}_c^{i+1}(t)$ 和 $\boldsymbol{F}_c^{i-1}(t)$ 都取决于 $\hat{\boldsymbol{g}}_i(t)$，若无法获得 $\hat{\boldsymbol{g}}_i(t)$ 的显式表达式，可以通过忽略式（8-50）中关于 $\boldsymbol{F}_c^{i+1}(t)$ 和 $\boldsymbol{F}_c^{i-1}(t)$ 的项来解决。在更一般的情况下，我们可以将 $\boldsymbol{d}_i(t)$ 作为第 i 个机器人最近邻的 k 个机器人的质心。对于同构的机器人队伍，跟随者在任何时刻都与近邻机器人保持相同距离，减少了碰撞的可能性。

8.4.2 基于虚拟结构的方法

基于虚拟结构的方法实现步骤如下[91]。

1. 问题描述

（1）虚拟结构

一个刚体由具有完全约束的质点系统组成，约束为 $|\boldsymbol{r}_i - \boldsymbol{r}_j| = d_{ij} = \text{const}$，其中 $\boldsymbol{r}_i$ 和 $\boldsymbol{r}_j$ 是质点的位置，可以认为质点对于一个在空间移动的特定坐标系是静止的，该坐标系可由系统中任意三个非共线的质点确定。如果质点的几何关系并非由物理系统约束（如将一个刚体保持在一起的分子力），而是由人为的控制系统决定的，就称这个几何关系为虚拟结构。

在机器人系统中，虚拟结构是指机器人彼此之间或者相对于一个参考坐标系保持的刚体或半刚体的几何关系。

(2) 编队运动

对于编队运动的问题，必须得到一个同时满足下面两个目标的机器人运动解决方案：

① 向一个给定的方向运动。

② 在各个机器人之间维持一个固定的几何关系。

第二个目标是形成机器人的虚拟结构，第一个目标是使该虚拟结构向给定的方向运动。

如果将刚体放入力场中，它将运动，也可以将虚拟结构放入一个虚拟的力场中让它运动，这个虚拟的力场可以用与人工操作的交互或者其他自动手段生成。

虚拟结构的几何描述如图 8-5 所示，具体描述如下：

给定编号为 $1,\cdots,n$ 的 n 个机器人，它们在全局坐标系 $\{W\}$ 下的位置用向量 $r_1^W,\cdots,r_n^W$ 表示。假设一个虚拟结构有 n 个质点，它们在参考坐标系 $\{R\}$ 下的位置用向量 $p_1^R,\cdots,p_n^R$ 来表示。

设 ^WI_R 是从参考坐标下的位置 $p_1^R,\cdots,p_n^R$ 到全局坐标系下的位置 $p_1^W,\cdots,p_n^W$ 的变换矩阵。假如机器人正在以完美的编队运动，那么每一个时刻对所有机器人来说都有一个 ^WI_R 使得 $p_i^W = r_i^W$。

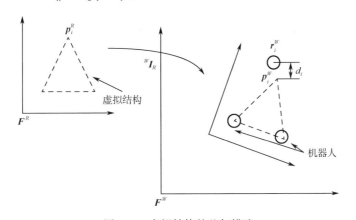

图 8-5 虚拟结构的几何描述

这样，编队运动的问题就变成设计一个控制算法使 n 个机器人编队向给定的方向运动。从定义中可以看到，虚拟结构就表示机器人在编队中所预期的相对位置[91]。

2. 使用虚拟结构编队的一般方法

虚拟结构可以用来解决机器人编队运动问题，解决方案基于以下思想：在虚拟结构上施加虚拟力场时，虚拟结构中的每个机器人都将沿着力的方向运动，依次通过各个机器人的相对位姿来确定虚拟结构的位姿。机器人运动时要保证其在虚拟结构中，虚拟结构也要运动以适应机器人当前的位姿。

这种循环的描述概述了解决方案的本质：双向控制，如图8-6所示，可以通过向虚拟结构施加虚拟力场来控制机器人的运动，但是虚拟结构的位姿最终由机器人的位姿确定。

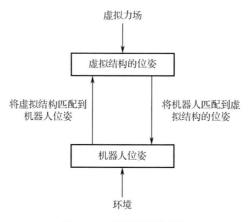

图8-6 双向控制示意图

基于虚拟结构的方法如图8-7所示，其算法流程如下：

步骤1：将虚拟结构与当前机器人对齐。

步骤2：根据Δx和$\Delta \theta$来移动虚拟结构。

步骤3：计算单个机器人的轨迹，使机器人运动到预期的虚拟结构质点。

步骤4：调整机器人的运动速度来跟踪所需要的轨迹。

步骤5：返回步骤1。

在步骤1中，虚拟结构与机器人对齐，在步骤2中通过外力将虚拟结构移动到预期的方向，在步骤3和4中，机器人在保持虚拟结构的同时更新它们的轨迹，使得它们像刚体结构中的质点一样运动，下面将更详细地解释各个步骤。

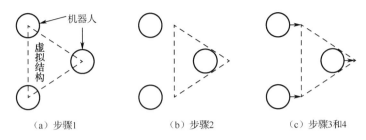

(a) 步骤1　　　　　　(b) 步骤2　　　　　　(c) 步骤3和4

图 8-7　基于虚拟结构的方法示意图

（1）对齐虚拟结构

虚拟结构由任意非零数量的质点组成，这里使质点的数量等于机器人的数量。为了使虚拟结构与机器人对齐，可在虚拟结构中的质点和每个机器人之间定义一个固定的一对一映射关系。从机器人到虚拟结构中的质点的这种映射是固定的，并且在机器人系统初始化时就确定了。通过最小化机器人的实际位姿与其对应的虚拟结构中的质点之间的误差来实现虚拟结构与机器人的对齐。

可以创建一个目标函数来衡量虚拟结构与机器人的适应程度，目标函数是每个机器人与它在虚拟结构中对应质点的误差之和。目标函数映射了变换矩阵 $^{W}\boldsymbol{I}_{R}$ 的参数到实数的映射（$f:\mathbb{R}^{m}\rightarrow\mathbb{R}$，$\mathbb{R}^{m}$ 是 m 维实向量集，$\mathbb{R}$ 表示实数集），形式如下：

$$f(\boldsymbol{X}) = \sum_{i=1}^{N} d[\boldsymbol{r}_{i}^{W}, {}^{W}\boldsymbol{I}_{R}(\boldsymbol{X}) \cdot \boldsymbol{p}_{i}^{R}] \tag{8-52}$$

式中，N 是机器人的数量；$d(\ )$ 是用来测量机器人与对应虚拟结构中的质点之间距离或者范数的函数；$\boldsymbol{r}_{i}^{W}$ 是第 i 个机器人在全局坐标系 $\{W\}$ 下的位姿；$\boldsymbol{p}_{i}^{R}$ 是第 i 个机器人在参考坐标系 $\{R\}$ 下对应的位姿。

$\boldsymbol{X}\in\mathbb{R}^{m}$，例如，虚拟结构在一个平面上运动时，$m=3$，分别是在 x、y 方向上的平移和绕与该平面垂直的轴旋转 θ。变换矩阵 $^{W}\boldsymbol{I}_{R}$ 可以表示为：

$$^{W}\boldsymbol{I}_{R}(\boldsymbol{R}) = \begin{bmatrix} \boldsymbol{R} & \boldsymbol{P} \\ 0 & 1 \end{bmatrix} \tag{8-53}$$

式中，$\boldsymbol{R}\in\mathrm{SO}(3)$ 并且 $\boldsymbol{P}\in\mathbb{R}^{3}$，$\mathrm{SO}(3)$ 是特殊正交集，即 $\boldsymbol{R}$ 为三维空间的旋转矩阵，$\boldsymbol{P}$ 为三维空间的平移向量。$\boldsymbol{R}$ 和 $\boldsymbol{P}$ 被 $\boldsymbol{X}=[X_{1},\cdots,X_{6}]$ 参数化，$\boldsymbol{X}$ 是待优化的参数集，目标是寻找对所有 $\boldsymbol{X}$ 都有 $f(\boldsymbol{X}^{*})\leqslant f(\boldsymbol{X})$ 的 $\boldsymbol{X}^{*}$。

该步骤的重要性在于，$^{W}\boldsymbol{I}_{R}$ 的搜索空间可以由旋转和平移空间的笛卡儿积产生，获得 X 后，就可以确定虚拟结构的"最佳"位姿，接下来的步骤将使机器人编队运动。

（2）移动虚拟结构

移动虚拟结构涉及在 ${}^W I_R$ 中对平移和旋转加入偏移，其方式和大小取决于给定的任务和系统中机器人的能力，因为机器人将尝试向移动后的虚拟结构中对应的质点运动，如果移动后虚拟结构的质点在机器人的能力范围内，那么下一次迭代将不会出错，否则会导致错误。移动虚拟结构的示意图如图8-8所示。

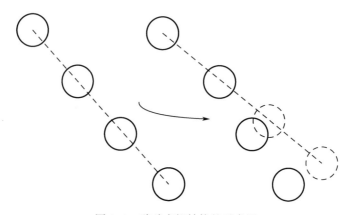

图 8-8 移动虚拟结构的示意图

（3）机器人运动

执行算法的下一步是计算机器人的运动速度，以便在下一次迭代之前将机器人运动到虚拟结构。机器人直接沿着向相应虚拟结构质点的方向运动是欠考虑的。机器人的运动速度太快会使其走过所期望的位置，在下次虚拟结构对齐时，机器人必须在这些质点上，因此在计算机器人运动速度时需要使用算法的执行周期时间，其余的计算需要使用机器人自身的信息。具有不同运动模式的机器人需要不同的约束条件。

第 9 章
智能机器人的 HRI

人机器人交互（Human-Robot Interaction，HRI）技术是机器人领域的重要研究方向之一，是关于人与机器人之间如何相互作用、相互影响的技术。HRI 关注人与机器人之间的交互模式，是人机交互（Human-Computer Interaction，HCI）技术在机器人领域的发展，并且已成为一个独立的研究领域。

本章首先介绍 HCI 的基本概念和发展情况，然后重点介绍 HRI 的相关理论和关键技术。无论哪种范畴的人机交互，交互系统的设计目标都是明显缩小人类心智模型（Mental Model）与计算机或机器人完成既定任务方式之间的差异。

9.1　HCI 技术概述

经过多年的发展和研究，人机交互技术已成为一门以计算机技术为主的跨学科技术，其研究涉及计算机科学、认知科学、心理学、机械学等领域。各类人机交互系统借助计算机系统来完成特定任务。人机交互系统不但要求稳定可靠，还应该具有良好的交互性。人机交互系统通常包括输入和输出两部分，用户通过输入接口向计算机输入指令，计算机通过输出接口向用户展示信息。

9.1.1　HCI 的作用

当前，计算机已广泛应用于各行各业，辅助人们完成了很多工作。但由于人工智能技术发展的水平和任务的复杂性，很多任务还未能实现计算机全自主工作，仍需人的参与。因此，人与计算机之间需要进行"对话"。以有效方式实现人与计算机交流、通信的技术称为人机交互技术。实现人机交互功能的软硬件系统就是人机交互系统。通过人机交互系统，可在人和计算机之间建立连接，相互协作共同完成特定的任务。

从信息转换的角度来看，人机交互系统实际上就是实现用户的感知和计算机处理空间之间的信息转换。用户的感知是用户意识和多维信息的集合，通常是模糊、不清晰的，而计算机处理空间则是一个规则、精确的信息空间，两者的差异性使得它们之间的映射变得十分复杂。如果单纯地使用规则、精确的语言描述用户的感知，则会提高用户在完成交互行为时所要付出的认知努力。因此，人机交互系统的重要任务就是选择一种合适的映射方式，将用户的感知映射到计算机的处理空间[92]。

9.1.2 HCI 过程涉及的元素

在人机交互过程中，用户通过交互设备与计算机进行沟通，将用户需求传送给特定的交互软件，以驱动应用程序完成相应的操作。所以，人机交互过程主要涉及人、交互设备、交互软件三个元素[92]。

1. 人

人机交互系统为人们提供了与计算机沟通的途径，可以让用户与计算机进行简便、直观的交流与通信。在人机交互过程中，人是一个重要元素，一个好的人机交互系统应该充分考虑到用户的需求及体验。因此，在设计人机交互系统时，需要找出目标用户的行为特征，以满足目标用户的需求。

2. 交互设备

在人机交互过程中，用户通过交互设备向计算机输入数据、指令等信息，计算机通过交互设备向用户输出处理结果、提示信息、错误消息等。

交互设备从产生开始就注重自然直观的交互模式，也越来越呈现出多样化的特点。当前的交互设备也越来越普适化、智能化，如触摸屏、体感设备、可穿戴设备等，这些都改变了传统的人机交互模式，促进人机交互技术朝着自然交互的方向发展。

3. 交互软件

交互软件是人机交互系统的核心，用户通过交互软件实现与计算机的交流，并驱动计算机进行相应的操作。交互软件通常是指依据软件需求和特性开发不同类型的交互界面，目前主流的交互界面是图形用户界面（Graphical User Interface，GUI）。

9.1.3 HCI 技术的发展

人机交互技术一直伴随着计算机技术的发展而发展。计算机与人的交互模式从无交互到命令行交互，再发展到现在占据主流的图形交互，已经具有直接操作和所见即所得（WYSIWYG）的特点。随着计算机处理速度和性能的进一步提升，以及人工智能技术的飞速发展和新交互场景的出现，GUI 也逐渐无法满足新一代人机交互的需求，人机交互技术研究的关注点越来越倾向于多模态、多任务的基于现实的交互（Reality-Based Interaction，RBI）。

RBI 是对新一代人机交互模式的概括，如自然用户界面、虚拟现实技术、增强现实技术、上下文感知计算、手持或移动交互、感知和情感计算、语音交互及多模态界面等。RBI 强调利用用户已有的知识和技能，不需要额外学习太多的新知识。RBI 从不同层面对新的交互模式进行了描述，包括人们对基本常识的理解、对自身肢体动作的理解、对环境的理解，以及对其他人的理解，并基于这四个层面建立了基于现实的感知框架。基于现实的感知框架能够分析自然用户界面的真实感特性，为自然交互提供了一个基本的原则，使人与计算机的交互模式更像自然世界中的交互，对指导自然用户界面（Natural User Interface，NUI）的设计和研究具有非常重要的作用[93]。

NUI 被认为是下一代交互界面的主流。在 NUI 中，用户只需要以最自然的交流方式（如自然语言、肢体动作）与计算机交互即可，与计算机的交互就如同和一个真实的人交流一样。在 NUI 时代，键盘和鼠标等将会逐渐消失，取而代之的是更为自然、更具直觉性的科技手段，如动作控制、自然语言控制等。通过研究现实世界环境和情景，利用新兴的技术和感知解决方案来达到用户界面不可见或者交互的学习过程不可见的目的，其重点关注的是传统的人类能力（如触摸、视觉、语音、手写、动作）和更重要、更高层次的过程（如认知、创造力和探索）。因此，NUI 具有简单易学、交互自然和直觉操作的优点，能够支持用户在短时间内学会并适应交互界面，并为用户提供愉悦的使用体验。

9.2 HRI 相关理论

HRI 研究的是人与机器人之间的相互作用，是机器人领域重要研究方向之一。

该技术以 HCI 为基础，并且更加智能化和拟人化，交互呈现多种形式。HRI 是一个多学科交叉领域，融合了 HCI、人工智能、机器人、设计和社会科学等。

HRI 的研究目标是定义人类对机器人交互的期望模型，以指导机器人设计与开发，从而实现人与机器人之间更自然、更高效的交互。HRI 的研究范围是从人远程遥控智能机器人到人与智能机器人的近距离协作。

9.2.1 HRI 技术的发展

机器人可分为一般机器人和智能机器人。一般机器人是指不具有智能性，只具有一般编程能力和操作功能的机器人。一般来说，智能机器人至少要具备以下三个要素：一是感觉要素，用来感知周围环境状态；二是运动要素，对外界做出反应性动作；三是思考要素，根据感觉要素所得到的信息，思考采用什么样的动作。感觉要素包括可以感知视觉、接近觉、距离等的非接触型传感器，以及可以感知力觉、压觉、触觉等的接触型传感器。这些功能可以利用诸如视觉传感器、激光传感器、超声波传感器、压电元件、气动元件、行程开关等来实现。对于运动要素来说，智能机器人需要有一个无轨道型运动机构，以适应诸如平地、台阶、墙壁、楼梯、坡道等不同的地理环境，可以借助轮子、履带、支脚、吸盘、气垫等运动机构来完成运动。

机器人在运动过程中要对运动机构进行实时控制，这种控制不仅包括位姿控制，而且还包括力度控制、位姿与力度混合控制、伸缩率控制等。智能机器人的思考要素是三个要素中的关键，也是人们要赋予智能机器人必备的要素。思考要素包括判断、逻辑分析、理解等方面的智力活动。这些智力活动在实质上是一个信息处理过程，而计算机则是完成这个处理过程的主要手段。根据其智能程度的不同，机器人可分为三种：

（1）遥控型机器人

遥控型机器人的本体没有智能单元，只有执行机构和感应机构，它具有利用传感信息（包括视觉、听觉、触觉、力觉、红外线、超声波及激光等）进行信息处理，实现控制与操作的功能，受控于外部计算机。外部计算机具有智能处理单元，可以处理由遥控型机器人采集的各种信息以及机器人本身的各种位姿和轨迹等信息，然后通过指令控制遥控型机器人的动作。

（2）监督自主型机器人

监督自主型机器人具有部分处理和决策功能，能够独立实现诸如轨迹规划、简单避障等功能，但是还要受控于外部计算机。用户通过计算机与机器人进行交互，实现对机器人的控制与操作。

（3）自主型机器人

自主型机器人无须人的干预，能够在各种环境下自主完成各项任务。自主型机器人具有感知、处理、决策、执行等功能。自主型机器人的最重要的特点在于它的自主性和适应性。自主性是指它可以在复杂的未知环境中，不依赖任何外部控制设备，完全自主地执行一定的任务。适应性是指它可以实时识别和观测周围的环境，根据环境的变化来调节自身的参数、调整动作策略以及处理紧急情况。交互性也是自主型机器人的一个重要特点，机器人可以与人、外部环境以及其他机器人之间进行信息交互。

腾讯 Robotics X 实验室主任张正友曾指出，目前全球机器人本体的研究有六大方向与趋势：

- 仿生化，如蛇形机器人，可以让机器人适应复杂的工作环境；
- 灵活操控，只有实现灵活准确的抓取和操控，机器人才能做更有用、更复杂的运动；
- 触觉技术，机器人需要实时反馈，只有精确地感知操控反馈，才能实现更有效的自主；
- 多机器人协同，机器人之间要避免碰撞，实现高效的协作；
- 人机交互，机器人要与人能达到非常自然的情感交流和安全的交互；
- 医疗辅助，机器要能增强人的体能，帮助残障人士重获生活便利。

这些趋势都指向一个共同的方向——更自主的机器人。传统的机器人更像一个自动化工具，根据指令执行动作；新一代的智能机器人则朝着自主方向发展。

根据机器人技术的发展，HRI 技术的发展可分为两个阶段：以机器人为中心的受限式 HRI 和以人为中心的非受限式 HRI[94]。

以机器人为中心的受限式 HRI，要求用户在交互过程中将自己的意图按照机器人特有的输入方式进行精确分解，因此用户需要耗费大量的时间来学习交互系统的使用方法，且操作会受到较大的限制。传统的人机交互模式包括命令语言交互、图形用户界面和直接操纵模式等。

随着传感器技术和机器人技术的发展，以机器人为中心的受限式 HRI 已不能满足完成复杂任务的需求，而基于传感器技术和智能感知技术的以人为中心的非受限式 HRI 则成为研究的热点和重点。

在进入以人为中心的非受限式 HRI 阶段，机器人的感知、识别、判断和规划能力得到了提升。机器人通过各类传感器采集声音、图像、压力、位移、振动、加速度等多模态数据，感知人的自然行为和周边环境信息，将用户意图转化为机器人指令，使得用户可以充分使用诸如语音、手势、肢体动作等来实现人机通信，支持 NUI 模式，减少了用户学习认知的压力，提高人机交互的效率和自然性。

在当前的研究中：根据数据采集设备的不同，可以分为基于穿戴式设备的 HRI 模式和基于非穿戴式设备的 HRI 模式；根据感知方式的不同，可将常见的基于智能感知的 HRI 技术分为基于单一模态感知的 HRI 技术和基于多模态感知的 HRI 技术。

9.2.2 HRI 模式的分类

HRI 的核心问题是理解和塑造单人或多人与单个或多个机器人之间的交互。因此，机器人的自主性影响着 HRI 模式。吉恩·斯尔茨（Jean Scholtz）在 *Theory and Evaluation of Human Robot Interactions* 一文中将 HRI 模式分为监督（Supervisor）式、操控（Operator）式、同伴（Peer）式、旁观（Bystander）式和维护（Mechanic）式五种类型，并分析了这五种类型如何对应唐·诺曼（Donald Norman）提出的交互模型[95]。

唐·诺曼提出的执行-评估循环（Execution-Evaluation Loop，EEL）交互模型是人机交互领域的基础理论之一，该模型给出了人与计算机进行交互时的 7 种状态。

① 生成目的。
② 生成意图。
③ 规划出一系列的动作，从而实现意图。
④ 执行一系列的动作。
⑤ 观察系统响应。
⑥ 解释系统响应。
⑦ 评估系统响应，判断是否满足用户的意图，是否还需要执行进一步的动作。

以上 7 种状态是反复循环的，直到用户完成或更改了自己的目的为止。

1. 监督式 HRI 模式

在监督式 HRI 模式下,用户监督并控制整个任务,机器人具有一定自主性,机器人本体具有感知、处理、决策、执行等模块。因此,在行动层面,机器人可以在人的监督下独立完成一定任务,在必要时由人对其进行干预。机器人可以与人、外部环境以及其他机器人之间进行信息交互。

在这种模式下,用户需要不断地评估机器人的任务完成状态是否达到了目标。为了让用户达到这个目标,吉恩·斯尔茨建议监督式 HRI 系统应至少为用户提供以下信息:

① 当前机器人任务的执行状态。
② 任务及任务计划。
③ 当前机器人的行为,包括任何可能有偏差的机器人的行为。
④ 机器人与人或其他机器人之间的交互内容。

在监督式 HRI 模式下,人的核心任务是监督机器人不出错,所以要解决的问题是告诉用户什么状态是正常状态,什么状态是快要出错的状态,什么状态是已经出错的状态。另外,监督式 HRI 系统应当允许用户通过设定主动警报来减少用户的记忆负担。

2. 操控式 HRI 模式

在操控式 HRI 模式下,用户可以通过一系列的具体操作来达到控制机器人的目的。用户通常不会改变机器人的主要任务,也不会改变整体任务的目标和意图。

在传统的 HRI 模式中,用户通常具有机器人操控能力,可以通过直接控制来解决机器人自主能力的不足,用户控制机器人代替人去完成一定任务。在操控式交互模式下,吉恩·斯尔茨建议操控式 HRI 系统应至少为用户提供以下信息:

① 机器人周边的环境信息。
② 机器人自身的计划与安排。
③ 机器人传感器的实时数据。
④ 机器人与人或其他机器人之间的交互内容。
⑤ 除了当前机器人,其他需要用户注意的任务。
⑥ 对机器人操作的实时反馈。

⑦ 整体任务及时序约束。

在操控式 HRI 模式下，HRI 系统的通信带宽通常会有限制，需要解决在有限的通信带宽下，尽可能为用户呈现有用的交互信息。这种模式下，重复操控工作容易使用户产生认知疲劳。此外，大量复杂的传感器数据也会增加用户的操作成本。

3. 同伴式 HRI 模式

在同伴式 HRI 模式下，机器人和人是面对面的同伴关系，该关系说明人和机器人可根据各自的能力来协作完成任务。

用户可以随时从机器人处获得任务执行情况的反馈，并根据机器人的反馈来调整目标。类似于人的团队，这种反馈是通过沟通和直接观察来实现的。交互基于更高层次的意图，而不是具体指令，例如，采用"跟我来""急转弯""走到下一个路口左拐"等意图描述。目前的研究着眼于机器人应该如何向用户呈现信息和反馈。用户应该能够理解机器人传送给他们的信息，机器人应该能够以正确的社会行为方式进行有效的交互。在人与机器人的过程中，当机器人没有正确采取某种行为时，用户可以选择切换到操控式交互模式。

在同伴式交互模式下，如何让用户与机器人自然地沟通是需要解决的主要问题，吉恩·斯尔茨建议同伴式 HRI 系统应至少为用户提供以下信息：

① 机器人与人或其他机器人之间的交互内容。
② 机器人的实时状态。
③ 机器人周边的环境信息。
④ 机器人能做出哪些动作。

4. 旁观式 HRI 模式

在设计机器人时，我们不仅需要考虑直接与机器人交互的操作者，还需要考虑环境中的旁观者，即路人。虽然人与机器人的过程中，机器人与旁观者的交互非常有限，但旁观者也是必须考虑的。

旁观者与机器人在同一环境中共存，机器人的每个动作都会直接或间接地影响旁观者；同样，旁观者也会影响机器人的任务执行。例如：旁观者可能是搜救机器人在废墟中发现的受害者，希望能够被机器人发现，并向救援队报告其位置；旁观者可能是园区里的行人，安防机器人在巡逻时会在路上遇到；旁观者可能是驾驶员，正驾驶着汽车与无人驾驶汽车共同在路上行驶；

旁观者也可能是道路上的行人，使得无人驾驶汽车减速或停车。

通常情况下，旁观者的出现会给机器人带来执行层面的轻微改动，会产生一个子任务，例如，"绕过""缓行避让""对路人提供简单的服务"等。但旁观者的出现并不会改变机器人总体目的和意图。对于旁观者来说，机器人需要提供给其一些必要信息。例如，对于和无人驾驶汽车行驶在同一条道路的驾驶员来说，他们希望确保无人驾驶汽车具有与大多数驾驶员同样水平的驾驶技能。需要通过 HRI 系统提供给旁观者此类信息，可以是机器人某种形式的动作或者状态。为了使旁观者和机器人在同一个物理环境中和谐共处，吉恩·斯尔茨建议该旁观式 HRI 系统应至少为旁观者提供以下信息：

① 造成机器人目前状态的原因（如环境因素、旁观者行为、操作者行为）。

② 机器人接下来的动作是什么？尤其是可能与旁观者有关的动作是什么？

③ 机器人的能力范围。

④ 机器人的能力范围中有哪些会受到旁观者的影响？

5. 维护式 HRI 模式

机器人系统很难做到完全稳定，必要时还需要对机器人的硬件进行维护。因此，维护在实际机器人工作中是一个至关重要的场景。这个场景的交互好坏将影响机器人长期的工作性能。

在维护式 HRI 模式下，需要对机器人进行硬件调试，并通过软件测试机器人行为能力，以确保通过软硬件调试后机器人的行为是正确的。该模式主要关注机器人硬件平台，对机器人硬件进行调试，并通过机器人的行为来判断问题是否已解决。吉恩·斯尔茨建议该维护式 HRI 系统应至少为用户提供以下信息：

① 哪些行为失败了？是如何失败的？

② 有关机器人机械部件和传感器的设置信息。

③ 与各种传感器行为相关的软件设置。

除了以上五种类型的 HRI 模式，迈克儿·古德里奇（Michael A. Goodrich）等人又提出可再增加两种交互模式：一种是指导（Mentor）模式，机器人作为人的指导者，或者作为任务的领导者；另一种是消费（Consumer）模式，人使用由机器人提供的各类信息，如侦察机器人提供的现场信息[96]。

9.2.3 面向不同应用领域的 HRI 模式

随着机器人技术的发展，人们对机器人的要求并不仅仅是一些简单的任务，希望机器人能够逐步代替人们在众多非结构化的、复杂的、未知甚至危险的环境中发挥主导作用，如搜索和救援、军事战斗、矿山和炸弹探测、科学探索，也希望机器人可以在家庭、学校、医院等环境中成为人们的得力助手。

机器人的功能可分为实用功能和社会功能两类。实用功能体现在解放人力劳动、提高生产效率等方面，如军用机器人、工业机器人等；社会功能则体现在提供社会支持和陪伴交流等方面，如教育机器人、服务机器人等[97]。

根据当前机器人技术以及人工智能技术的发展水平，机器人在执行复杂任务时，仍需要人的参与。人们如何看待机器人的角色对于他们如何与机器人交互有着重要的影响。根据 HRI 模式的分类，结合目前智能机器人主要应用领域，表 9-1 给出了典型应用领域中 HRI 模式。

表 9-1 典型应用领域中 HRI 模式

应用领域	交互距离	交互模式	应用场景举例
搜索救援	远	人是监督者或操控者	远程操控搜救机器人
	近	机器人是同伴	与搜救人员协同救援
生活助理	近	机器人是同伴或工具	残疾人助理或者老年护理
	近	机器人是指导者	与自闭症儿童交流
军事	远	人是监督者	侦察、排雷
	远/近	机器人是同伴	巡逻任务
	远	人是信息消费者	根据机器人侦察信息进行决策
教育	近	机器人是指导者	课堂教学助理、博物馆数字导游
	近	机器人是同伴	儿童陪伴
太空探索	远	人是监督者或操控者	远程科学探索
	近	机器人是同伴	宇航员助理机器人
家庭服务	近	机器人是同伴	陪伴机器人
	近	人是监督者	家务机器人

对于这些领域，当前的研究显示出一种趋势，即从远程交互转向近距离交互，并从操控式 HRI 模式向同伴式 HRI 模式或指导式 HRI 模式转变。

(1) 搜救机器人

搜救机器人能够在复杂的环境中运动和导航,到达救援人员无法到达的地方,以帮助搜救。搜救机器人基于各种类型运动平台,利用图像、声音及其他多种传感器构成环境感知系统,可将感知到的多源环境数据通过无线方式发送到用户端,用户在对机器人的状态及其周围环境进行综合分析后,对搜救机器人进行远程操控,或者由机器人进行自主感知及导航、标绘及搜索任务。

(2) 生活助理类机器人

生活助理类机器人正逐渐步入人们的生活,可以用于老年人的日常陪护,可以帮助人们进行血压监测,可以给健忘者提供提醒服务,还可以辅助行动不便者行走等。在心理健康方面,生活助理类机器人还能提供陪伴和交流。

(3) 军用机器人

目前,应用于军事领域的机器人已经大量涌现,已经研制出不同智能程度的各类军用机器人。军用机器人的多样性决定了其分类方法的多样性:按照工作环境可以分为陆地军用机器人、水下军用机器人、空中军用机器人和空间军用机器人等;按照作战任务可以分为直接执行战斗任务机器人、侦察与观察机器人、工程保障机器人等;按照控制方式可以分为遥控型机器人和自主型机器人。

(4) 教育机器人

教育机器人可以在教学活动中扮演指导者或者同伴的角色。当作为指导者角色时,教育机器人可以根据学生的学习风格、个性,以及学生在游戏过程中的学习、情绪状态而决定自己的行动,从而更好地辅助学生进行学习。教育机器人还可以扮演同伴角色,能够感知、预测,并及时把握用户认知,可对儿童表现有积极影响。

(5) 空间机器人

空间机器人一般可分为远程操控型、监督自主型和自主型三类。远程操控型机器人通过宇航员控制机器人的每个动作或者通过发送高级指令让机器人完成预定任务;自主型机器人由机器人自主完成预定任务;监督自主型机器人指宇航员监督机器人完成预定任务,当机器人在处理问题时遇到困难时,人们可协助其完成任务。还有一类助理陪伴型机器人也开始用于国际空间站,可协助宇航员完成日常任务,并具备陪伴功能。

（6）家庭服务机器人

家庭服务机器人是为人类服务的特种机器人，根据其功能，主要分为陪伴机器人（Companion Robots）和家务机器人（Robot Servant）。陪伴机器人在家里往往充当"家庭成员"的角色，基于语音识别、人脸识别、情绪识别等技术，为家庭提供教育、陪伴、娱乐等服务。家务机器人基于目标检测与识别、自主导航、机械臂抓取等技术，能够代替人们完成特定的家务工作，如清洁卫生、物品搬运、安全检查、家电控制等。

9.2.4 HRI 的评估

智能机器人在物理世界中具有感知和行动的能力，目前已越来越多地用于不同的应用领域。在执行各种类型任务的过程中，机器人和人类共享工作空间，共同承担目标任务。

智能机器人研制的最终目标是，当人们有某项任务需求时，机器人能够自主执行任务而无须人为干预。也就是说，人类期望通过智能机器人来增强自身完成任务的能力。迈克儿·古德里奇等人提出了若干 HRI 评估指标以指导 HRI 系统的设计，如任务效力（Task Effectiveness，TE）、忽视容忍度（Neglect Tolerance，NT）、关注需求度（Robot Attention Demand，RAD）、扇出能力（Fan Out，FO）等[98]。

1. 任务效力

任务效力是对任务实际执行情况的一个衡量标准，不同任务类型的机器人有不同的任务效力。例如：物流机器人在执行驾驶和导航任务时，任务效力是从 A 点到 B 点所需的时间；服务机器人在执行搜索任务时，任务效力可以是找到所有目标的时间或在给定时间内发现的目标数量；安防机器人在执行攻击任务时，任务效力可以是目标被破坏和损失的程度。因此，评估 HRI 的第一步就是先确定核心任务，并根据核心任务设计任务效力这一评估指标。

2. 忽视容忍度

忽视容忍度是衡量机器人对某些任务的自主性以及相应任务效力的一个重要指标。机器人的忽视容忍度反映的是机器人的独立能力，是度量当机器人被用户忽略时，机器人当前执行任务的能力随着时间推移而下降的指标。在通常情况下，可以用忽视时间（Neglect Time，NT）来度量。假设对于一个机器人和一个给定的空间，任务效力和忽视时间之间存在如图 9-1 所示的特征曲线。

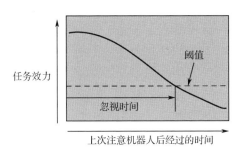

图 9-1　任务效力和忽视时间的特征曲线

该曲线显示，机器人当前的任务效力随着用户上次注意机器人后经过的时间而下降。例如，对于开放空间的导航问题，可以将当前的任务效力定义为机器人朝着目标运动的速度。随着用户的忽视时间增长，自主运动的能力就会越差。定义机器人完成任务下的最低任务效力为阈值，如图 9-1 所示。增加机器人的智能和自主性可以提高其忽视容忍度，如果同时考虑任务复杂度，图 9-1 所示的特征曲线将变为如图 9-2 所示的特征曲线。

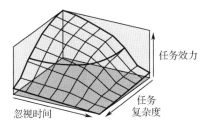

图 9-2　加入任务复杂度后忽视时间和任务效力的特征曲线

在实际任务场景中，复杂环境、传感器错误等因素都可能增加任务复杂度。以巡逻机器人为例：在一个道路复杂、行人较多的环境下，巡逻就会面临较高的任务复杂度；在一个封闭场合、路障较少的环境下，任务复杂度就会较低。如果机器人具有较强的环境感知能力，机械结构稳定、可靠，则其独立能力较强。有效地利用机器人的独立能力可以完成更多的复杂任务，这是需要重点考虑的。

3. 关注需求度

对于一个"人+机器人"的团队来说，用户希望通过机器人来提高整个团队的任务执行能力，但也要考虑机器人是需要受到用户的关注并与用户进行交互的。因此，需要衡量一个机器人受到用户的多少关注，该指标称为关注需求度。关注需求度表示人与机器人交互所花费的时间的百分比。

关注需求度（RAD）可以用忽视时间（NT）与交互成本（Interaction Effort，IE）之间的关系来定义，即：

$$RAD = \frac{IE}{IE+NT}$$

式中，交互成本是指用户为了让机器人继续完成任务，每次在机器人的任务效力降低到阈值以下时，对机器人进行的辅助操作或任务修正的成本，可用交互时间来度量。

因此，减少交互成本或增加忽视时间可以降低关注需求度。一个良好的HRI系统的目标是减少关注需求度，这样用户除了与机器人交互，还可以专注于其他事情。

4. 扇出能力

在实际任务场景中，可以让人操控多个机器人来同时执行多个任务，从而提高任务完成效率。多机器人模式可以有效提高机器人执行任务的能力。例如，对于监控和探测任务，多机器人执行任务时可覆盖更多任务空间，效率要高于单机器人。可用扇出能力（FO）这一指标来度量一个"人+多机器人"团队的效率，即：

$$FO = \frac{1}{RAD} = \frac{IE+NT}{IE}$$

因此，减小交互成本或增大忽视时间可以提高扇出能力。

例如：在执行巡逻任务时，机器人对危险情况判断得越准确，则机器人的独立能力越强；当机器人采用多传感器输入时，如果系统能够准确判断用户需要哪种信息，并及时回传给用户，则可降低交互成本。类似地，如果机器人能在用户做判断时给出辅助决策的建议或选项，则交互成本也会降低。提高机器人对用户的扇出能力，可以让一个用户更高效地支配、管理更多的机器人。

但在实际情况中，当用户可以同时支配、管理更多的机器人时，其任务效力并非越来越高。任务效力与机器人数量的关系，即扇出能力如图9-3所示，当机器人数量达到一定数值时，任务效力不再继续提升，这表示达到了扇出能力的极限。

造成扇出能力极限的原因有两个方面，一方面是任务饱和（Task Saturation），另一方面是人的认知能力有限。

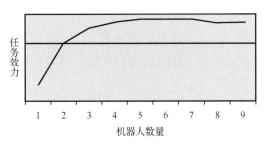

图 9-3　扇出能力曲线

通常情况下，任务饱和可能是由以下两个原因引起的：

① 任务过于简单。当任务非常简单时，并不需要多机器人共同完成任务，此时投入大量机器人也无法提高性能，就会出现任务饱和。

② 任务空间过于拥挤。当机器人所处的空间有限时，收集和感知的信息大部分重叠，会出现相互阻挡，造成拥堵，从而造成任务饱和。

人的认知限制主要是由记忆能力有限造成的，在控制多机器人时，用户必须记住每个机器人的状态信息、界面模式和能力等，这就对记忆能力提出了要求。因为只有有限数量的信息可以存储在人的短期记忆中，而且每次只有有限数量的心智模型可以在长期记忆中活动。解决该问题需要研究人员更深入地理解用户的使用习惯，需要设计更好的信息展示形式和结构。

9.3　智能 HRI 的关键技术

人工智能技术为 HRI 带来突破，可以帮助计算机更好地感知人的意图，完成人们无法完成的任务，驱动着 HRI 技术的发展。HRI 的研究一方面是安全物理交互；另一方面则是基于社会信息的互动，重点研究人与机器人及周边设备、环境的沟通方式，目标是通过自然语言、手势、肢体动作等与机器人建立直观、自然的沟通。为了实现以人为中心的 HRI 系统的设计，首先需要考虑用户的需求，然后在此基础上采用相应技术来发展机器人所应具备的功能。

根据 HRI 过程中的交互信息类型及交互模式，本节主要对自然语言交互、手势交互、脑机交互、虚拟现实交互及多模态交互进行介绍。

9.3.1 智能 HRI 的特点

在人工智能时代，传感器技术、机器学习、深度学习等关键技术发展迅速，这些技术的发展也引导着 HRI 技术的发展轨迹和范围。处于人工智能背景下的 HRI，将会演变成"交互人"和"智能机"在物理空间、数字空间及社会空间等不同空间上的交互。这里的"交互人"指的是能和计算机（机器人）自然交互的人，"智能机"指的是具有人的意图表达和感知能力的智能计算机（机器人）。人作为 HRI 的核心，也将随着技术的发展与交互设备融为一体。因此，未来的 HRI 将趋同于感知，计算机（机器人）的主要交互行为将变成感知行为、感知自然现象、感知人的现象、感知人的行为，从而实现为人服务的目的。

决定人和机器人之间信息交换方式的主要因素有两个：通信媒介（Communication Medium）和通信格式（Communication Format）。

通信媒介主要由五种感官中的三种来描述，即视觉、听觉和触觉。这些通信媒介在 HRI 中表现为：

① 视觉显示，通常以图形用户界面或增强现实界面的形式呈现。

② 姿态，包括手势、面部动作、身体姿态等基于动作的意图信号。

③ 自然语言，包括语音和基于文本的响应，并经常强调对话和混合主动交互。

④ 非语音声音，常用于报警。

⑤ 物理交互和触觉，在增强现实或远程操作中经常使用，特别是在远程操作任务中唤起存在感，也经常用于促进情感、社交和辅助交流。

目前，多模态（Multi-Modality）交互已成为必然的发展趋势，即通过文字、语音、视觉、动作等多种方式进行交互，充分模拟人与人之间的交互方式，从而使得交互更自然、更容易学习。

不同的通信媒介，其通信格式有所不同。

① 基于语音和自然语言的交互既可以采用脚本语言和形式语言，也可以尝试支持完整的自然语言，还可以将自然语言限制为语言的子集和一个受限制的域。基于语音的交流不仅必须处理信息交换的内容，还必须处理信息交换的规则。

② 触觉信息的呈现包括通过振动发出报警、促进临场感，通过可穿戴的触觉设备实现空间感知，以及通过触觉图标传达特定的信息。

③ 音频信息的表示包括听觉报警、基于语音的信息交换和三维感知。

社会信息的呈现包括提示、手势、共享物理空间、模仿、声音、面部表情、语音和自然语言等。图形用户界面（GUI）一般可采用传统窗口类型交互模式、沉浸式虚拟现实交互模式等来显示信息。

不同类型的通信媒介适用于不同场景的 HRI，具体实现需要由相应的技术支撑。

9.3.2 自然语言交互

语音是人类非常自然的一种信息交流与信息传递方式。随着机器人变得越来越无所不在，人们也越来越需要以一种方便和直观的方式与机器人进行交互。对于许多现实世界的任务来说，使用自然语言交互更自然、更直观。目前，自然语言交互已初步应用于服务机器人和娱乐机器人。

自然语言交互系统一般包括三个模块：语音识别（Automatic Speech Recognition，ASR），将语音转化成文字；自然语言处理（Natural Language Processing，NLP），将文字的含义解读出来进行处理并给出反馈；语音合成（Text To Speech，TTS），如果有需要可将输出信息转化成语音。

语音识别的研究从与说话人相关的孤立词或关键词的语音识别开始，通常使用动态时间规整（Dynamic Time Warping，DTW）和线性预测编码（Linear Predictive Coding，LPC）等方法。随着研究的进一步推进，隐马尔可夫模型（Hidden Markov Model，HMM）的广泛应用为与说话人无关的大规模连续语音识别（Large Vocabulary Continuous Speech Recognition，LVCSR）的实现提供了可能。曾经在很长的一段时间内，使用 HMM-GMM（Gaussian Mixture Model，高斯混合模型）建立的声学模型一直是效果最好的建模方式。随着深度学习应用于语音识别领域，基于深度人工神经网络的声学模型大幅提高了语音的识别率。而在实际应用场景下，语音很容易混入环境噪声、回声等干扰因素，不同麦克风录制的语音差别也非常大，这些都可能导致语音识别系统性能的下降。

此外，自然语言理解是机器人与人类进行有效沟通的前提。但由于复杂的结构、在口语中使用的各种各样的表达方式，以及人类指令固有的模糊性，处理不受约束的口语指令也非常具有挑战性。研究者们已经开展了很多面向自然语言交互的语音识别及自然语音理解研究。例如，关注抽象空间概念、基数和顺序概念的研究，或者关注如何对机器人进行提问以消除歧义的研究。近期有研究者提出了用于控制具有无约束口语的机器人的综合系统，它能够有效地解决口语指令的模糊性问题。具体地说，将基于深度学习的对象检测与自然语言处理技术结合起来，以处理不受约束的口语指令，并采用一种机制让机器人通过对话来解决指令的模糊性问题。

虽然自然语言交互具有自然直接的优点，但也存在着劣势。例如：不适用于选择多、流程长、需要大量辅助信息决策的交互任务；远场自然语言交互对距离、噪声、混响、声源数量等有一系列要求；一般不适用于公共场所，通常需要安静的场所。

9.3.3 手势交互

手势具有直观性、通用性和丰富的语义，不仅是人与人之间非语言的一种交流方式，也是 HRI 模式之一。手势识别的准确性和快速性直接影响着手势交互的准确性、流畅性和自然性。根据交互技术原理不同，手势交互可分为基于视觉的手势交互和基于可穿戴设备的手势交互，前者通过对手部图像进行识别来实现手势交互，后者通过对手部传感器数据进行处理来实现手势交互。

1. 基于视觉的手势交互

基于视觉的手势交互使用手势识别方法实现人与机器人的交互，从交互过程来看，可大致分为 5 部分[99]：

① 采集数据：通过摄像头采集人体手部图像。

② 用户做出特定手势：人根据机器人实际运动情况及自身需求灵活制定控制策略，在摄像头前做出特定手势。

③ 手部图像检测与分割：手部检测与分割是手势识别的基础，检测输入图像是否有手，如果有手，则检测手的具体位置，并将手部图像分割出来。

④ 手势识别：提取手部特征并将其按照一定方法识别出来。

⑤ 使用手势识别结果控制机器人运动：将手势识别结果发送给机器人控制系统，从而控制机器人实现特定的运动。

根据对象的可观测特征（如时间）进行分类，可将手势分为静态手势

(Hand Posture)和动态手势(Hand Gesture)。其中：静态手势的研究对象是手势图像，即手势视频中的一帧，手的位置在该时刻没有变化；动态手势的研究对象是手势视频，手的位置随着时间连续变化。例如，"OK"手势属于静态手势，而挥手则属于动态手势。根据手势含义可将动态手势分为 5 类：象征（Emblem）手势、情感表达（Affect Display）手势、描述（Illustrator）手势、调节（Regulator）手势和适配（Adaptor）手势。

随着 Kinect、Leap Motion 等产品的出现，融合图像深度信息和图像彩色信息的视觉手势识别也是一个研究方向。Kinect（见图 9-4）具有由红外线发射器和红外线 CMOS 摄影机构成的 3D 结构光深度感应器，不仅可以获得图像彩色信息，还可以获得图像深度信息，其中图像深度信息包含了物体在空间的坐标信息，因此可以利用图像深度信息将目标从复杂的背景中分离出来，不受环境光照的影响，具有较高的鲁棒性。

与 Kinect 可采集全身骨骼数据不同，Leap Motion（见图 9-5）只采集手部的骨骼数据。Leap Motion 采用两个高帧率的红外线摄像头，可在设备上方 25～600 mm 范围内追踪手势，返回指尖位置坐标、手的方向向量、手掌平面法向量、手心位置、手心移动速度和手握球体半径等数据。体感设备生成的手部骨骼模型如图 9-6 所示。

图 9-4 Kinect

图 9-5 Leap Motion

在图 9-6（a）所示的 Leap Motion 生成的手部骨骼模型中，每根手指都有 4 个关节，以中指的 4 个关节点 R_1、R_2、R_3 和 R_4 为例，4 个关节点的旋转角分别决定了指尖关节（TIP）、远指关节（DIP）、近指关节（PIP）和掌指关节（MCP）的骨骼的旋转。在图 9-6（b）所示的 Kinect 生成的手部骨骼模型中，每根手指都有 3 个关节，以中指的关节点 LR_1、LR_2 和 LR_3 为例，3 个关节点的旋转角分别决定了指尖关节（TIP）、远指关节（DIP）和近指关节（PIP）的骨骼的旋转。驱动姿态识别和手势识别融合的数据主要是关节点的旋转角[101]。

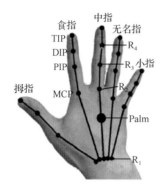 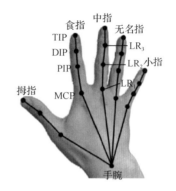

（a）Leap Motion生成的手部骨骼模型　　（b）Kinect生成的手部骨骼模型

图 9-6　体感设备生成的手部骨骼模型[100]

在算法研究方面，早期的研究大部分采用基于手部特征的手势识别。静态手势识别的常用模型一般基于手势图像特征，如结构、边界颜色等；而动态手势识别的常用模型建立在图像变化或运动轨迹的基础上，采用动态时间规整和隐马尔可夫模型等方法。随着近年来深度学习技术的蓬勃发展，利用深度人工神经网络实现手势识别受到了广泛关注，在识别率方面也取得了很大突破。

2. 基于可穿戴设备的手势交互

可穿戴设备等新的交互设备的出现，使得 HRI 模式发生了极大变化。可穿戴设备是指穿戴在使用者身上，提供服务的微型电子设备，可穿戴设备可直接反映用户的运动意图。目前，基于可穿戴设备的手势识别研究主要是基于表面肌电信号进行的。

表面肌电信号比较容易采集，并且包含了丰富的人体运动信息，受到广大研究者的关注。按照采集方式的不同，肌电信号又可以分为表面肌电信号（surface Electromyography，sEMG）和针肌电信号（needle Electromyography，nEMG），只需要将肌电电极贴在皮肤表面即可采集表面肌电信号，而针肌电信号则需要介入人体来采集，对皮肤有伤害。因此，在 HRI 领域通常采集的是表面肌电信号。

表面肌电信号是由多个活跃运动单元发出的动作电位序列沿肌纤维传播，并经由脂肪和皮肤构成的容积导体滤波后，在皮肤表面呈现的时间和空间上综合叠加的结果。表面肌电信号是一种非平稳的微电信号，它一般在肢体运动前 30~150 ms 产生，其幅值为 0.01~10 mV，主要能量集中在 0~500 Hz。

不同手势会涉及不同的手臂肌肉组织，所涉及的肌肉组织会产生微弱的（低至毫伏级）电位变化，即表面肌电信号，可以被传感器采集到。因此，如果在可穿戴设备上预先定义几种不同的手势，就可以根据手臂肌肉电位的变化来识别各种手势，最后通过特定的算法把各种手势解析成不同的机器命令，从而实现对设备的控制[101]。

处理肌电信号的关键技术主要包括肌电信号采集、信号预处理、模式识别三部分。基于表面肌电信号的手势识别先从原始的表面肌电信号中提取特征，从而实现手势识别。

与传统的 HRI 模式相比，基于表面肌电信号的 HRI 有以下优点：

① 可以实现机器人的自然控制，类似于人脑控制肢体运动，这种交互模式更容易被用户接受。

② 表面肌电信号依赖于驱动关节运动的肌肉，不依赖于执行运动的肢体，因此也适用于肢体残疾患者。

③ 表面肌电信号超前于实际运动，可以提供运动预判。

④ 表面肌电信号蕴含肌肉力、关节力矩、关节运动量等丰富信息，可以实现多模态交互控制。

⑤ 基于表面肌电信号易于开发便携式或穿戴式设备。

因此，基于表面肌电信号的 HRI 有助于利用人体运动意识发生/变化的规律，提升机器人的自主适应性，为实现人与机器人的自然交互提供支撑。

在可穿戴设备中，除了肌电传感器，也会配置一些多轴传感器，以便更精确地实现多种手势的识别。例如，加拿大 Thalmic Labs 公司推出的 Myo 臂环（见图 9-7）内置了 8 个肌电传感器和 1 个九轴惯性测量单元（包括陀螺仪、加速度计、磁力计），可通过捕捉表面肌电信号来识别手势。

除了基于表面肌电信号的可穿戴设备，还可以采用基于压力的可穿戴设备来检测肌腱的状态，即在硬件部分将肌电传感器更换为压力传感器。一般会将多个压力传感器设置在腕带上的预定位置，用于检测用户做出手势时腕带所受的压力值。也可结合表面肌电信号和压力信号来进行手势识别，可克服单一信号的限制。

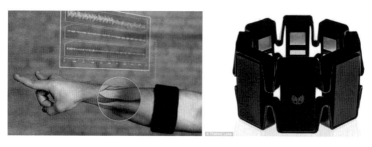

图 9-7 Thalmic Labs 公司推出的 Myo 臂环[102]

9.3.4 脑机交互

脑机接口（Brain-Computer Interface，BCI）作为一种新型的 HRI 技术，它并不依赖于传统的 HRI 模式。脑机接口直接通过用户脑电信号（Electroencephalogram，简称 EEG）来确定其意图，从而对机器人进行操作，是一种直接让人脑和外界环境交互的系统。通过脑机接口，用户并不需要通过说话、运动等来表达自己的决策意图，该决策意图会由计算机的脑电信号处理系统生成对应的机器指令，该指令可以直接用来控制外部设备，从而实现用户和外部设备的直接交互。

近年来，随着脑机接口研究的不断深入，基于脑机接口控制的机器人系统也成为研究的热点，出现了脑控机械臂、脑控轮椅、脑控外骨骼等脑控机器人研究课题。脑控机器人的关键技术主要包括脑机接口技术和机器人控制技术。

实现脑机交互系统的两个要素是：人需要通过某种思维任务来产生特定的脑电信号；脑机交互系统能够准确地将用户的思维任务翻译为机器人的控制指令。目前，脑机交互系统一般由以下三个部分组成。

(1) 脑电信号获取部分：采集能够反映用户大脑活动的脑电信号。

(2) 脑电信号处理部分：通过对脑电信号进行滤波降噪预处理、特征选择与提取、模式分类，识别出用户的意图。

(3) 控制输出部分：把用户的意图转换为相应的机器控制指令，并输出到外部设备，驱动外部设备实现用户的意图。对于机器人控制，当检测到有效的用户运动想象分类结果后，机器人按照预先设置好的状态转移函数，根据当前状态和输入进行预测，根据预测结果执行相应的控制指令。

根据脑电信号的获取方法，脑机接口可以分为侵入式和非侵入式两种。侵入式脑机接口将测量脑电信号的电极植入颅腔内来采集脑电信号，实验条件复杂，研究大多集中在动物身上。非侵入式脑机接口将测量脑电信号的电极放置于人的头皮表层，比较安全而且容易实现，适用于人类脑机接口的研究。

目前，主流的 BCI 范式包括基于 P300 电位、稳态视觉诱发电位（Steady-State Visual Evokedpotentials，SSVEP）和运动想象（Motor Imagery，MI）的 BCI 系统[103]。

（1）稳态视觉诱发电位。当受到一个固定频率的视觉刺激时，人的大脑视觉皮层会产生一个连续的与刺激频率（刺激频率的基频或倍频处）有关的响应。这个响应被称为稳态视觉诱发电位（SSVEP）。

（2）P300 电位。经过多次重复刺激中枢神经系统，并经过平均和叠加获得与刺激有锁时关系的电位，其中潜伏在 300 ms 左右的正相诱发电位称为 P300 电位。

（3）运动想象。运动想象是指在没有任何肢体运动的情况下，凭借大脑想象支配其肢体进行正常运动的思维过程。通过对训练记忆的一些运动过程反复进行想象、预演，在想象肢体运动的过程中，会在大脑的特定区域产生节律变化，可通过记录这种节律变化来识别用户的想象任务。

前两种范式属于反应式 BCI，其解码的诱发脑电信号是大脑对外部刺激条件产生特定的响应；而 MI-BCI 是主动式 BCI，输出的控制信号反映的是大脑的随意性活动，不依赖于外部事件，与人的运动意图密切相关。反应式 BCI 的最大优势在于信号稳定，无须用户进行专门的训练，可操作性强，大大拓展了 BCI 的应用范围。但反应式 BCI 不受用户本身直接调制，不仅需要依赖于外部刺激，还需要用户集中注意力，无法实现真正意义上的"所思即所动"。MI-BCI 作为主动式 BCI 最为常用的范式，由于其不需要外部刺激，更能反映用户的自主意图，因而得到研究者们的广泛关注。MI-BCI 发展至今，其应用场景非常广泛，可以实现日常交流与自主控制，如字符拼写、计算机光标控制、假肢、机械臂和轮椅等。

在 MI-BCI 中，用于信号处理的算法包括线性判别分析（Linear Discriminant Analysis，LDA）、支持向量机（Support Vector Machine，SVM）、人工神经网络（Artificial Neural Networks，ANN）和模糊系统（Fuzzy System）

等。近年来，深度学习在脑电信号分类方面也越来越受关注。由于传统的信号处理算法需要大量的数据来训练分类器，因此 MI-BCI 需要较长的时间来记录足够多的数据，导致其效率低下，容易引起疲劳。为了解决这个问题，研究人员尝试采用迁移学习等方法，以减少目标用户所需的训练样本，提高 MI-BCI 的工作效率。信号处理算法的优化不仅能有效提高头皮脑电的空间分辨率，而且能缩短用户训练时间，为 MI-BCI 更高效地识别更复杂的运动意图提供可行的解决方案。

除了在信号采集和信号处理方面的探索，研究者们也对范式的设计进行不断创新。2010 年，混合 BCI 的出现引起了研究者们的极大关注。混合 BCI 通过结合两种以上的信号或同一信号的两种特征可以实现比单一 BCI 更优异的性能。由于 EEG 的便携性和时间分辨率高而被广泛地与其他模式信号结合使用，例如肌电信号（Electromyography，简称 EMG）、眼电信号（Electrooculography，简称 EOG）、功能性近红外成像（Functional Near Infrared Spectroscopy，FNIRS）等。美国麻省理工学院计算机科学与人工智能实验室（CSAIL）于 2018 年研制了一套结合了脑电信号和肌电信号的人机交互方案，该方案通过脑电信号和肌电信号来监控大脑和肌肉的活动，关联并解释人的大脑信号和手部动作。利用脑电信号和肌电信号来实时监督纠正机器人的动作，可以使得机器人的目标选择正确率达到 70%~97%[104]。

9.3.5 虚拟现实交互

虚拟现实（Virtual Reality，VR）技术应用于 HRI 系统后，允许用户通过多传感器通道实时地与虚拟环境进行交互。虚拟现实具有沉浸感（Immersion）、交互性（Interaction）和构想性（Imagination）三个基本特征。其中，交互性是指在交互设备的支持下能以简捷、自然的方式与计算机所生成的虚拟世界对象进行交互，通过用户与虚拟环境之间的双向感知可建立一个更为自然的 HRI 系统。

近年来，随着空间探索、深海开发、核辐射探测、医疗机器人等领域的快速发展，人类亟须智能机器人完成自主作业。但是受制于现有传感器、控制等技术，未知环境下的全自主智能机器人的研制还未实现。因此，HRI 式遥操作技术是实现远程复杂环境作业的主要手段[105]。利用声、像、力以及图形等交互设备形成具有指导性的感知环境，配合人的指挥或动作提示，可辅助进行机器人的遥操作。

当虚拟现实技术应用于遥操作时，在主端模拟一个类似于从端的三维虚拟世界，可提升临场感。在遥操作系统中，结合预知信息与从端反馈的多种传感器信息，可在主端重构一个与从端环境一致的虚拟现实环境，用户可直接通过交互设备与虚拟现实环境进行交互，即时产生视觉、听觉、触觉、力觉等感官感受。

基于虚拟现实的机器人遥操作系统主要由用户、主端控制器、通信链路、从端控制器、机器人及从端环境构成，如图9-8所示。在机器人遥操作作业过程中，用户通过主端控制器，经由通信链路，向从端控制器发出控制指令，从端控制器接收到控制指令后控制机器人完成作业，同时将机器人与从端环境的交互信息（主要包括从端环境视觉信息、交互力觉信息等）反馈给主端控制器，帮助用户了解从端环境状况，并做出进一步的规划和决策。良好的交互式机器人遥操作系统不仅可以高效地实现危险作业，而且可以让用户感受机器人与环境交互时的"感受"，在主端实现临场感操作。

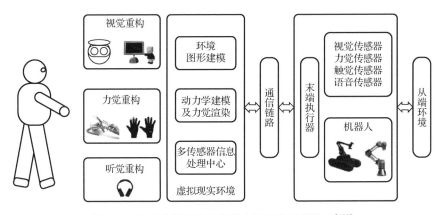

图 9-8　基于虚拟现实的机器人遥操作系统构成[105]

基于虚拟现实的机器人遥操作系统的核心思想是，使用预测模型在主端为用户建立一个具有真实感的虚拟环境，并提供稳定的、非延迟的感知信息。虚拟现实环境的建模，首先要分析从端反馈的多传感器信息，然后结合预知信息完成真实环境的图形化渲染表达、环境动力学建模及力觉渲染。通过构建与真实环境一致的虚拟现实环境，实现机器人遥操作系统的稳定性、透明性。机器人位于从端，从端控制器接收主端控制器发送的控制指令，并驱动机器人完成作业。从端环境一般安装视觉、力觉、触觉等传感器，这些传感器采集机器人与从端环境的交互信息，并将其通过通信链路反馈给主端，主端结合预知信息实现虚拟现实环境的建模。

至此，用户便可以在主端通过 HRI 设备（包括手控器、数据手套等）控制机器人与虚拟环境模型进行交互，能够实时观察机器人作业过程、感知交互状态，同时将控制指令（包括位置、速度等）实时地发送给从端控制器，控制机器人完成任务，从而实现机器人的遥操作。

可见，如果能够得到真实环境的高精度建模，便可以实现稳定、透明的机器人遥操作。但是，受制于传感器精度、数据运算误差、人为因素等，目前在未知非结构化环境几何建模、复杂动力学建模、虚拟夹具设计、解决时变时延问题等方面仍存在研究难点。

9.3.6　多模态交互

每一种信息来源或者形式都可以称为一种模态（Modality）。人的感官包括视觉、听觉、触觉、嗅觉和味觉，媒介包括视频、图像、语音、文本等，每一种都可称为一种模态。多模态是指整合不同感官或媒介来表征意义。可以说多模态是人类与环境自然交互的体现。在 HRI 领域，多模态交互（Multimodal Interaction）也称为多通道交互，即通过文字、语音、动作、生理信号等方式与计算机或机器人进行交互。多模态交互可以为用户提供一个灵活、高效的交互环境。早期的多模态交互系统之一是由 Bolt 于 1980 年提出的，他提出的 Pu-That-There 系统融合了语音输入和三维手势两种交互模式[106]。这一系统的建立为多模态交互的后续研究提供了范例。研究者们陆续提出了各种类型的多模态交互系统，例如，用户可同时使用语音、手势、文本等与机器人进行交互。

与单模态交互相比，多模态交互具有如下优势：

① 减轻了用户认知负担，交互更加自然。多模态交互丰富了 HRI 模式，允许用户使用多通道进行信息输入，并且能够通过多通道进行信息反馈，充分模拟了人与人之间的交互模式。用户可以根据实际应用场合以及对不同模态的熟悉度来选择一种或多种交互模式与机器人进行交互。例如，可以用手势或语音，或者结合手势和语音。

② 消除了任务歧义，交互更加准确。多模态交互可以利用各种模态之间

的互补性，消除定义机器人任务时的歧义。在很多场景下，单模态交互表达的语义具有模糊性，交互时难以保证交互系统的准确率和鲁棒性，加入其他模态可消除这些歧义。此外，不同模态之间的数据包含了互相关联和监督的信息，能够帮助交互系统在运行过程中进行自适应学习。

③ 降低了环境干扰，交互更加鲁棒。不同的模态由于其表象不同，所受的环境干扰也不相同，因此其置信度是不相同的。但是各个模态能够表达相同的语义信息，在一定程度上可以相互代替[107]。例如：在高噪声场景下，听觉的信息置信度就较低；低光照度场景下，视觉的信息置信度就较低。因此，采用多模态交互将信息进行融合，具有较好的冗余性和鲁棒性，可以获得更精确的语义信息，提高交互系统对用户和环境的适应性，以及用户的可选择性。

参考文献

[1] 安德烈·聂兹纳莫夫,维克多·纳乌莫夫.机器人学与人工智能示范公约——机器人与人工智能创制和使用规则[J].贾佳威,译.人工智能法学研究,2018(2):151-157.

[2] Rainer Bischoff.欧洲机器人学的发展与未来创新[J].机器人产业,2018(5):45-50.

[3] 清华大学计算机系-中国工程科技知识中心,知识智能联合研究中心(K&I).AMiner:2018智能机器人研究[J].自动化博览,2018,35(10):90-93.

[4] 之涵,杨广中,玛西亚·麦克纳特.机器人学扬帆起航[J].世界科学,2016(9):40.

[5] 蔡自兴.中国机器人学40年[J].科技导报,2015,33(21):23-31.

[6] 谈自忠.机器人学与自动化的未来发展趋势[J].中国科学院院刊,2015(6):772-774.

[7] Raj M, Seamans R. Primer on artificial intelligence and robotics[J]. Journal of Organization Design, 2019, 8(1): 11.

[8] Raphael Linker. Robotics in Agriculture: Opportunities and Challenges[C]//沈阳市人民政府.2015中国(沈阳)国际机器人大会会刊,2015.

[9] Zhao J. Robot and Its Open Future[C]//沈阳市人民政府.2015中国(沈阳)国际机器人大会会刊,2015.

[10] 马飞.六自由度机器人虚拟实验室系统关键技术的研究[D].北京:中国矿业大学(北京),2018.

[11] 彼得·科克.机器人学、机器视觉与控制——MATLAB算法基础[M].刘荣,译.北京:电子工业出版社,2016.

[12] 彭航.6-DOF串联机器人运动学算法研究及其控制系统实现[D].合肥:合肥工业大学,2016.

[13] 蔡自兴.机器人学(第三版)[M].北京:清华大学出版社,2015.

[14] 赛义德·B.尼库.机器人学导论——分析、控制及应用[M].北京:电子工业出版社,2013.

[15] 敬成林,韩爱华.数学原理在机器人学理论中的应用[J].科技创新导报,2013(11):31.

[16] 斯利格.机器人学的几何基础(第2版)[M].杨向东,译.北京:清华大学出版社,2008.

[17] Saridis G N. Toward the realization of intelligent controls[J]. Proceedings of the IEEE, 1979, 67(8): 1115-1133.

[18] Nilsson N. Shakey the robot [R]. AI Center, SRI International, 1984.

[19] Albus J. A Overview of NASREM: The NASA/NBS Standard Reference Model for Telerobot Control System Architecture (NASREM) [R]. NBS, 1998.

[20] Brooks R. A robust layered control system for a mobile robot [J]. IEEE Journal of Robotics and Automation, 1986, 2 (1): 14-23.

[21] Bonasso R. Integrating Reaction Plans and Layered Competences Through Synchronous Control [C]. Proc of IJCAI, Sydney, 1991.

[22] Julio K. Rosenblatt J. DAMN: a distributed architecture for mobile navigation [J]. Journal of Experimental & Theoretical Artificial Intelligence, 1997, 9 (2-3): 339-360.

[23] Quigley M, Gerkey B P, Conley K, et al. ROS: an open-source Robot Operating System [C]//ICRA Workshop on Open Source Software, 2009.

[24] Rooney B. The Social Robot Architecture: Towards Sociality in a Real World Domain [C]//Towards Intelligent Mobile Robots, 99, Bristol, 1999.

[25] Quigley M, Gerkey B P, Conley K, et al. ROS: an open-source Robot Operating System [C]//ICRA Workshop on Open Source Software, 2009.

[26] ROS Core Components [EB/OL]. [2019-9-10]. https://www.ros.org/core-components.

[27] 百度百科. 机器人传感器 [EB/OB]. [2019-10-10]. https://baike.baidu.com/item/机器人传感器.

[28] 济南大学. Robotics [EB/OL]. [2019-2-26]. https://wenku.baidu.com/view/cccf0eacb8f3f90f76c66137ee06eff9aff84919.html.

[29] 朱少岚. 技术解析：Velodyne VS Quanergy 固态激光雷达哪家强？ [EB/OL]. [2020-11-12]. https://www.leiphone.com/news/201701/zv1OzRGNh5JWdT05.html.

[30] Smith R, Cheeseman P. On the representation of spatial uncertainty [J]. Int. J. Robotics Research, 5 (4): 56-68, 1987.

[31] Smith R, Self M, Cheeseman P. Estimating Uncertain Spatial Relationships in Robotics [J]. Machine Intelligence & Pattern Recognition, 1988, 5 (5): 435-461.

[32] Doucet A, Freitas N D, Murphy K, et al. Rao-blackwellised Particle Filtering for Dynamic Bayesian Networks [C]// Sixteenth Conference on Uncertainty in Artificial Intelligence, 2000.

[33] Guivant J, Nebot E. Optimization of the Simultaneous Localization and Map Building Algorithm for Real Time Implementation [J]. IEEE Transactions on Robotics and Automation, 2001, 17 (3): 242-257.

[34] Knight J, Davison A, Reid I. Towards constant time SLAM using postponement [C]// IEEE/RSJ International Conference on Intelligent Robots and Systems, 2001: 405-413.

[35] Williams S B. Efficient Solutions to Autonomous Mapping and Navigation Problems [D]. Sydney: University of Sydney, 2001.

[36] Tardós J D, Neira J, Newman P M, et al. Robust Mapping and Localization in Indoor Environments Using Sonar Data [J]. International Journal of Robotics Research, 2002, 21 (4): 311-330.

[37] Thrun S, Koller D, Ghahmarani Z, et al. SLAM Updates Require Constant Time [C]// Workshop on the Algorithmic Foundations of Robotics, 2002.

[38] Thrun S, Liu Y, Koller D, et al. Simultaneous Localization and Mapping with Sparse Extended Information Filters [J]. International Journal of Robotics Research, 2004, 23 (7-8): 693-716.

[39] Paskin M. Thin Junction Tree Filters for Simultaneous Localization and Mapping [C]// 18th International Joint Conference on Artificial Intelligence, San Francisco, 2003: 1157-1164.

[40] Guivant J, Nebot E. Improving Computational and Memory Requirements of Simultaneous Localization and Map Building Algorithms [C]// IEEE International Conference on Robotics & Automation, 2002: 2731-2736.

[41] Leonard J, Newman P. Consistent, Convergent, and Constant-Time SLAM [C]// International Joint Conference on Artificial Intelligence, 2003.

[42] Guivant J, Nebot E. Optimization of the Simultaneous Localization and Map Building Algorithm for Real Time Implementation [J]. IEEE Transactions on Robotics and Automation, 2001, 17 (3): 242-257.

[43] Neira J, Tardos J D. Data Association in Stochastic Mapping Using the Joint Compatibility Test [J]. IEEE Transactions on Robotics and Automation, 2001, 17 (6): 890-897.

[44] 马兆青, 袁曾任. 基于栅格方法的移动机器人实时导航和避障 [J]. 机器人, 1996, 18 (6): 344-348.

[45] 宋金泽, 戴斌, 单恩忠, 等. 一种改进的RRT路径规划算法 [J]. 电子学报, 2010, 38 (2A): 225-228.

[46] 朱庆保. 蚁群优化算法的收敛性分析 [J]. 控制与决策, 2006, 21 (7): 763-766.

[47] 冯远静, 冯祖仁, 彭勤科. 一类自适应蚁群算法及其收敛性分析 [J]. 控制理论与应用, 2006, 22 (5): 713-717.

[48] 孟祥萍, 片兆宇, 沈中玉, 等. 基于方向信息素协调的蚁群算法 [J]. 控制与决策, 2013, 28 (5): 782-786.

[49] Zhuge C C, Tang Z M, Shi Z X. Heuristic Rolling Morphin Based Lane Tracing Planning for Autonomous Land Vehicle [C]// International Conference on Electric Information & Control Engineering, 2012: 807-810.

[50] 诸葛程晨,唐振民,石朝侠.基于多层Morphin搜索树的UGV局部路径规划算法[J].机器人,2014,36(4):491-497.

[51] 章忠良.四足机器人运动学及动力学研究[D].成都:电子科技大学,2012.

[52] 王智兴,樊文欣,张保成,等.基于Matlab的工业机器人运动学分析与仿真[J].机电工程,2012,29(1):33-37.

[53] 梁香宁,牛志刚.三自由度Delta并联机器人运动学分析及工作空间求解[J].太原理工大学学报,2008,39(1):93-96.

[54] 马佰胜,金嘉琦.机器人运动学分析[J].煤矿机械,2018(5):75-76.

[55] 常勇,马书根,王洪光,等.轮式移动机器人运动学建模方法[J].机械工程学报,2010,46(5):30-36.

[56] 费燕琼,冯光涛,赵锡芳,等.可重组机器人运动学正逆解的自动生成[J].上海交通大学学报,2000,34(10):1430-1433.

[57] 黄献龙,梁斌,陈建新,等.EMR系统机器人运动学分析和求解[J].宇航学报,2001,22(2):18-25.

[58] 南京理工大学.一种麦克纳姆轮全向射弹机器人:CN201620930003.X[P].2017-02-08.

[59] 李长金.机器人动力学分析与控制[D].北京:北京理工大学,1988.

[60] 王树新,张海根,黄铁球,等.机器人动力学参数辨识方法的研究[J].机械工程学报,1999,35(1):23-26.

[61] 陈志刚,阮晓钢,李元.自平衡立方体机器人动力学建模[J].北京工业大学学报,2018,44(3):376-381.

[62] 张涛.机器人引论[M].北京:机械工业出版社,2016.

[63] 西西里安诺,等.机器人学:建模、规划与控制[M].张国良,等译.西安:西安交通大学出版社,2015.

[64] 辛颖,侯卫萍,张彩红.机器人控制技术[M].哈尔滨:东北林业大学出版社,2017.

[65] 张祥.机器人轮廓控制与轨迹规划研究[D].哈尔滨:哈尔滨工业大学,2018.

[66] 发那科株式会社.机器人轨迹控制方法:CN200510107887.5[P].2006-04-05.

[67] 吴振彪.工业机器人[M].武汉:华中科技大学出版社,2006.

[68] 谭明.先进机器人控制[M].北京:高等教育出版社,2007.

[69] 樊炳辉.机器人引论[M].北京:北京航空航天大学出版社,2018.

[70] 张继尧,韩建海,刘赛赛,等.工业机器人抛光作业的主动柔顺控制系统[J].机械科学与技术,2019,38(06):909-914.

[71] 易继锴,侯媛彬.智能控制技术[M].北京:北京工业大学出版社,1999.

[72] 李少远,王景成.智能控制[M].北京:机械工业出版社,2005.

[73] 李国勇, 杨丽娟. 神经·模糊·预测控制及其 MATLAB 仿真 [M]. 北京: 电子工业出版社, 2013.

[74] 石辛民, 郝整清. 模糊控制及其 MATLAB 仿真 [M]. 北京: 清华大学出版社, 2018.

[75] 李人厚. 智能控制理论和方法 [M]. 西安: 西安电子科技大学出版社, 1999.

[76] 刘金琨. 先进 PID 控制 MATLAB 仿真 [M]. 北京: 电子工业出版社, 2016.

[77] 刘金琨. RBF 神经网络自适应控制及 MATLAB 仿真 [M]. 北京: 清华大学出版社, 2014.

[78] 苑全德. 基于视觉的多机器人协作 SLAM 研究 [D]. 哈尔滨: 哈尔滨工业大学, 2016.

[79] 李林茂. 未知复杂环境下多机器人 SLAM 研究 [D]. 邯郸: 河北工程大学, 2017.

[80] 张嘉衡. 多机器人的队形控制研究 [D]. 上海: 东华大学, 2017.

[81] 张翠翠. 多机器人系统编队控制研究 [D]. 济南: 济南大学, 2013.

[82] 张嵚, 刘淑华. 多机器人任务分配的研究与进展 [J]. 智能系统学报, 2008, 3 (2): 115-120.

[83] 田建超. 基于滑模消抖算法的机器人编队研究 [D]. 广州: 华南理工大学, 2017.

[84] 叶必鹏. 基于视觉的多机器人室内协同 SLAM 算法的研究与实现 [D]. 哈尔滨: 哈尔滨工业大学, 2018.

[85] 卫恒, 吕强, 林辉灿, 等. 多机器人 SLAM 后端优化算法综述 [J]. 系统工程与电子技术, 2017 (11): 167-179.

[86] Fenwick J W, Newman P M, Leonard J J. Cooperative Concurrent Mapping and Localization [C]// IEEE International Conference on Robotics and Automation, 2002.

[87] Fenwick J W. Collaborative Concurrent Mapping and Localization [D]. Boston, Massachusetts Institute of Technology, 2001.

[88] Matarić M J, Sukhatme G S, Østergaard E H. Multi-Robot Task Allocation in Uncertain Environments [J]. Autonomous Robots, 2003, 14: 255-263.

[89] Gage A, Murphy R, Valavanis K, et al. Affective task Allocation for Distributed Multi-Robot Teams [J/OL]. [2020-3-1]. http://citeseerx.ist.psu.edu/viewdoc/download; jsessionid = 3CE488F353DDFF6E03B9F89613C8F24D? doi = 10.1.1.59.1107&rep = rep1&type=pdf.

[90] Wang P K C. Navigation Strategies For Multiple Autonomous Mobile Robots Moving In Formation [J]. Journal of Robotic Systems, 1991, 8 (2): 177-195.

[91] Lewis M A, Tan K H. High Precision Formation Control of Mobile Robots Using Virtual Structures [J]. Autonomous Robots, 1997, 4 (4): 387-403.

[92] 杜广龙,张平.机器人自然交互理论与方法[M].广州:华南理工大学出版社,2017.

[93] 范俊君,田丰,杜一,等.智能时代人机交互的一些思考[J].中国科学:信息科学,2018,48(4):361-375.

[94] 刘欣.基于智能感知的机器人交互技术研究[D/OL].广州:华南理工大学,2016.

[95] Scholtz J. Theory and Evaluation of Human Robot Interactions [C]//Proceedings of the 36th Hawaii International Conference on System Sciences (HICSS), 2003.

[96] Goodrich M A, Schultz A C. Human-Robot Interaction: A Survey [J]. Foundations and Trends in Human-Computer Interaction, 2007, 1 (3): 203-275.

[97] 邓兆鑫,付超,杨雪,等.真人与机器人交互研究的现状与展望——浅论心理学与人工智能的交叉[EB/OL].(2018-12-16)[2019-06-07] http://chinaxiv.org/abs/201812.00863.

[98] Olsen D R, Goodrich M A. Metrics for Evaluating Human-Robot Interactions [C]// Proceedings of the Performance Metrics for Intelligent Systems workshop (PERMIS), Gaithersburg, 2003.

[99] 齐静,徐坤,丁希仑.机器人视觉手势交互技术研究进展[J].机器人,2017,39(4):565-584.

[100] 邹俞,晁建刚,杨进.航天员虚拟交互操作训练多体感融合驱动方法研究[J].图学学报,2018(4):742-751.

[101] 丁其川,熊安斌,赵新刚,等.基于表面肌电的运动意图识别方法研究及应用综述[J].自动化学报,2016,42(1):13-25.

[102] MYO产品图[EB/OL].[2019-12-5]. https://support.getmyo.com/hc/en-us.

[103] 赵欣,陈志堂,王坤,等.运动想象脑-机接口新进展与发展趋势[J].中国生物医学工程学报,2019,38(1):84-93.

[104] Delpreto J, Salazar-Gomez A F, Gil S, et al. Plug-and-Play Supervisory Control Using Muscle and Brain Signals for Real-Time Gesture and Error Detection [C]// Proceedings of the 14th Robotics Science and Systems Conference (RSS), Pittsburg, 2018.

[105] 倪得晶,宋爱国,李会军.基于虚拟现实的机器人遥操作关键技术研究[J].仪器仪表学报,2017,38(10):2351-2363.

[106] Bolt R A. Voice and Gesture at the Graphic Interface [J]. Computer Graphics, 1980, 14(3): 262-270.

[107] 丁振.空间机器人多通道交互系统的研究与实现[D].武汉:华中科技大学,2016.